紧固件失效分析与案例

潘安霞　徐罗平　刘仕远　陈凯敏　胡小山　编著

机 械 工 业 出 版 社

本书系统地介绍了紧固件失效分析技术，其主要内容包括：紧固件失效分析基础知识、紧固件常用无损检测方法、原材料缺陷造成的失效案例、头部镦制工艺不当造成的失效案例、热处理缺陷造成的失效案例、螺纹成形工艺不当造成的失效案例、紧固件氢脆断裂失效案例、因装配不当造成的失效案例。本书通过23个典型案例对紧固件各类失效问题进行了论述和规律性总结，便于初涉失效分析领域的读者快速掌握；全书图文并茂，结构紧凑，便于读者阅读。

本书可供从事紧固件生产与质量控制的技术人员，以及从事理化检测与紧固件采购的相关人员使用，也可供相关专业的在校师生参考。

图书在版编目（CIP）数据

紧固件失效分析与案例/潘安霞等编著. —北京：机械工业出版社，2019. 7（2025. 3 重印）

ISBN 978-7-111-62782-1

Ⅰ. ①紧…　Ⅱ. ①潘…　Ⅲ. ①紧固件—失效分析—案例　Ⅳ. ①TH131

中国版本图书馆 CIP 数据核字（2019）第 096031 号

机械工业出版社（北京市百万庄大街 22 号　邮政编码 100037）
策划编辑：陈保华　责任编辑：陈保华
责任校对：佟瑞鑫　封面设计：马精明
责任印制：刘　媛
涿州市般润文化传播有限公司印刷
2025 年 3 月第 1 版第 7 次印刷
169mm×239mm · 9 印张 · 173 千字
标准书号：ISBN 978-7-111-62782-1
定价：39.00 元

前　言

◀◀◀◀◀◀◀

紧固件是一种用途极为广泛的机械基础零部件，广泛用于航空航天、轨道交通、汽车船舶、风力发电等领域。紧固件不仅起到连接紧固作用，还能传递载荷，其质量和可靠性对机械产品工作性能和结构安全性起着重要作用，因紧固件失效导致的重大事故屡见不鲜。因此，对在重要场合或重要部位使用的紧固件的质量问题管控绝不可掉以轻心。

各类机械零部件的失效分析及其调查工作遵循着很多共同规律，然而每类零件的失效都具有独自的特征，掌握紧固件失效规律，了解其特殊性，对于紧固件失效的分析及预防具有重要的科学意义和实际工程应用价值。本书介绍了紧固件失效分析基础知识及方法，对紧固件制备工艺、常见断裂形貌和显微组织进行了较为详细的阐述，并结合紧固件制备和使用中常见的失效实例，重点从原材料、头部镦制工艺、热处理、螺纹成形、表面处理、装配工艺等方面，对紧固件失效问题进行了论述和规律性总结。

本书由中车戚墅堰机车车辆工艺研究所有限公司的潘安霞、徐罗平、刘仕远、陈凯敏、胡小山编著。其中，第 1 章由潘安霞、徐罗平执笔，第 2 章由刘仕远执笔，第 3 章至第 7 章由潘安霞、陈凯敏执笔，第 8 章由胡小山执笔。国家不锈钢制品质量检验监督中心（兴化）的许万剑提供了部分失效案例。在本书编写过程中，得到了中车戚墅堰机车车辆工艺研究所有限公司的李爱东、曹渝、吴建华和中车长春轨道客车股份有限公司的逯连文等前辈的具体指导，文超、李平平、任立文、梁会雷、王群、吴童童、刘德华等同事也提供了许多帮助。同时本书引用和参考了许多专家、学者和单位的有关资料、论著，在此向他们一并致以诚挚的谢意！

由于作者水平有限，书中难免存在一些疏漏和错误之处，欢迎广大读者批评指正。

编著者

序

　　紧固件是一种用途广泛的机械基础零部件，不仅起到连接紧固作用，还能传递载荷，其质量和可靠性对机械产品工作性能和结构安全性起着重要作用。因紧固件失效导致的重大事故屡见不鲜，人们生命财产也因此蒙受了巨大损失。系统总结紧固件在制造、装配和使用过程中的损伤失效特点和规律性，对于产品的安全可靠服役具有实用的工程价值。

　　中车戚墅堰机车车辆工艺研究所有限公司是中国中车股份有限公司旗下的一级子公司，始建于 1959 年。60 年来中车戚墅堰机车车辆工艺研究所有限公司始终与中国轨道交通装备事业发展同行，致力于轨道交通装备的现代化。该公司主要从事轨道交通装备新材料、新工艺、新装备、新技术的研究开发及其科技成果的产业化，是轨道交通装备关键零部件的高科技产业化基地。该公司不仅服务于我国干线铁路运输和城市轨道交通的需要，还利用轨道交通装备专有技术向延伸产业发展，已经进入了汽车零部件、工程机械、风力发电、第三方检测等市场领域。由中车戚墅堰机车车辆工艺研究所有限公司组织撰写的《紧固件失效分析与案例》一书，介绍了紧固件的制备工艺及检测方法，给出了大量紧固件失效的形貌特征，分析了紧固件的失效模式和原因。

　　本书的作者长期从事紧固件研制、使用以及检测分析工作，完成了大量紧固件失效分析的任务，工程实践中积累了上百个失效分析案例，为撰写本书奠定了很好的基础。本书通过 23 个典型案例对紧固件各类失效问题进行了论述和规律性总结，体现了中车戚墅堰机车车辆工艺研究所有限公司在失效分析方面的研究水平。本书值得从事紧固件制造企业的设计和管理人员、紧固件使用的技术人员、紧固件检验检测机构以及失效分析机构的科技人员借鉴和参考。

中车戚墅堰机车车辆工艺研究所有限公司总工程师

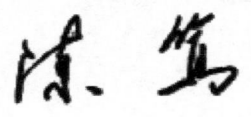

目 录

第1章

<<<<<<<<

紧固件失效分析基础知识

　　紧固件又称标准件、标准紧固件，是一种用途极为广泛的机械基础零部件，其主要作用是连接和紧固。紧固件通常包括：螺栓、螺柱、螺钉、螺母、垫圈、销、自攻螺钉、挡圈、铆钉、组合件等十几个类别。由于紧固件规格、几何形状、材料的不同，紧固件的总数已达 50 多万种。

　　与被连接的各种结构件相比，紧固件往往很小，历史上因紧固件质量问题造成的损失许多是灾难性的。例如：航空史上罕见的 1985 年发生的 520 人丧生的客机失事惨案，便是由于一架波音 747 客机尾翼上的 850 个紧固件中有一部分存在严重的质量问题，造成尾翼破坏而导致飞机坠毁的。大量血的教训和巨大的物资损失促使人们开始重视紧固件这种随处可见又随处可用，但往往被忽视的通用零件。为此，美国政府在 1990 年由当时的总统乔治·布什签署了《紧固件质量保证法》。这表明紧固件虽然小，但重要性不言而喻。因此，设计师们必须认识到许多机械的紧固问题同样是设计的关键之一。

　　随着国民经济的不断发展，紧固件已被广泛应用于航空航天、汽车、建筑、船舶、医药卫生等各行各业。紧固件正向着材料多样性、工艺多样性、功能多样性、结构复杂性等多个方向发展。如何有效提高设计水平，保证加工质量，保障紧固件产品在各种不同工作状态下正常使用，提高安全使用系数，降低故障发生率等问题就显得至关重要。失效分析技术及失效分析工作可有效解决上述问题，为产品可靠性提供技术支持，为产品维修提供依据。目前失效分析技术已开始在紧固件生产、使用、维护等多个领域发挥作用，并产生了巨大的经济效益和社会效益。

1.1　废品分析及失效分析的定义

　　各种机械零部件和构件都是基于一定的经济目的和技术标准组织生产和制造

1

的。经检查符合技术标准的就是合格品。不符合技术标准的就是不合格品。不合格品一般都存在不同程度的缺陷。废品分析就是针对不合格品中缺陷形成原因的分析。

各类机械装备及零件都有一定的功能，它们都在特定的工作条件下，并在规定的使用期限内安全可靠地完成设计规定的功能任务。当机械装备或零件在服役过程中（或在安装使用前的制造和试验过程中），由于载荷、温度及环境介质的共同作用，引起尺寸、形状或材料组织与性能发生变化，使之不能圆满地完成设计规定的功能任务，就称为失效。简而言之，机械产品失去最初设计规定的效能，即称为失效。失效分析涉及结构设计、材料选择、加工制造、装配调整及使用保养等诸多方面，同时综合运用到工程力学、物理化学、金属学、材料科学、加工工艺学及理化测试技术等多方面的知识。从上述意义上讲，失效分析包括了废品分析，或者说废品分析是失效分析的一部分。因此本书的失效分析也包含废品分析。

1.2　紧固件的制备工艺

紧固件的加工方法一般分为三种：冷、热镦头部成形后机械加工；不经冷、热镦头部成形直接机械加工；冲压成形后不经机械加工或经机械加工。高强度螺栓加工工艺一般选用冷、热镦头部成形后机械加工，具体制造工艺流程如下：热轧盘条→冷拔→球化退火（预备热处理）→除磷→酸洗→冷拔→冷锻成形→螺纹加工→上料→除磷→淬火→清洗→高温回火→水冷→烘干→喷油→表面处理→质量检查。

1.2.1　冷拔工艺

螺栓通常是采用直圆钢或盘条切割成适当长度制造的。冷加工的发展（适合批量生产）要求连续性向螺栓成形机供料，螺栓的原材料大多为盘条。由于直圆钢或盘条均是采用轧制成形的，外径精度难以满足螺栓规定公差。在进入成形机前，一般将直圆钢或盘条根据成形所规定的螺栓外径进行拔丝，然后切成适当长度，再进行头部成形、螺纹成形和热处理。

材料在冷拔过程中因材料晶粒发生变形，从而使材料硬度增加，即发生加工硬化现象。但因材料在改制过程中，有时需经多次冷拔才能达到设计直径，所以为消除加工硬化和组织不均现象，同时增加材料的塑性和韧性，通常采用退火处理来达到目的。退火工艺一般选择再结晶退火或球化退火，这一环节在多次拉拔工艺之间，因此又称中间热处理。退火工艺要注意控制好退火温度和保护气氛，如果压缩比和退火温度配合不当会造成晶粒粗大，这将导致紧固件的力学性能大大降低，也易造成螺栓掉头。如果保护气氛控制不当，材料和氧化气氛接触会产生脱碳现象，脱碳将削弱紧固件的紧固功能，造成松动或脱扣。

酸洗也是拉拔的关键工艺之一。由于材料经热轧或热处理后都会在材料表面形成一层不同厚度的氧化皮，氧化皮的存在直接影响拉拔时的润滑效果，增大拉拔力，并使拉拔模具磨损加剧。由于氧化皮硬度较大，极易对材料造成划伤，使拉拔后的成品达不到表面粗糙度要求，所以材料拉拔前必须经酸洗去除氧化皮。酸洗中最主要的质量问题是氢脆，钢材在酸洗过程中产生氢原子的一部分被钢材基体吸收，并扩散到钢材基体中，使钢的脆性增加，导致延迟性断裂。因此，在酸洗过程中应严格按照酸洗技术操作过程中所规定的浓度和温度进行，对于高强度紧固件酸洗后需在规定时间内对其加热，从而使钢中氢原子排出。

1.2.2 成形工艺

紧固件成形工艺按照加工温度不同可以分为冷镦、温镦和热镦三种。

1) 冷镦工艺就是在室温下，将坯料放置在上、下模之间并施加一定压力，使坯料产生轴向压缩，径向扩展成预定的形状。其优点是精度高，镦后可以获得合理的金属流线，其组织和力学性能均得到改善和提高，材料利用率较高。其缺点是镦锻力大，对材料预备处理要求比较高。

2) 温镦工艺是将材料加热到再结晶温度以下（上限约600℃）进行压力加工的方法。其优点是镦锻力比冷镦降低25%，成品精度与冷镦件类似，基本无氧化皮，模具寿命比冷镦显著提高。其缺点是控制温度要比较精确，过高有些金属会出现蓝脆，过低则会影响充盈，同时也要选择特定的润滑剂。

3) 热镦工艺是将金属加热到固相线以下150～250℃，置于模具内，在压力作用下产生塑性变形，并获得所需形状和尺寸。热镦工艺是在高温下进行的，高温下的金属具有塑性好、变形抗力低、容易成形等特点，适用于加工批量小的维修件或异型件、不锈钢等冷镦难度大的紧固件。其缺点是加热温度较高，容易产生氧化皮和脱碳层，成品精度较差且机加工余量大，材料利用率低。

1.2.3 螺纹加工工艺

外螺纹的主要加工方法为滚压螺纹、车螺纹和板牙攻螺纹等，内螺纹的主要加工方法有丝锥攻螺纹（切削丝锥、挤压丝锥）、车螺纹等。

螺纹加工方法的选择取决于产品的形式、尺寸、批量及加工尺寸等因素。紧固件螺栓、螺钉、螺柱等的外螺纹加工，由于批量大，绝大部分采用滚压螺纹加工。滚压螺纹是一种无屑加工方法，对螺杆坯料在常温下进行滚压加工，因此也是一种冷挤压工艺。该过程实质是原材料金属重新分配的过程。滚压螺纹牙型表面光洁，并且具有连续的金属纤维流线，静态情况的抗拉强度比切削螺纹提高了

20%～30%。一般高强度螺栓都需要进行调质处理，如果先加工螺纹后进行调质处理，在热处理过程中要采取妥善措施，以避免加热后螺纹变形和表面脱碳。在对疲劳强度要求较高的场合，则需先调质处理后滚压螺纹，这样不仅可以避免螺纹根部脱碳，还可以使得牙底处存在残余压应力。比如高强度双头螺柱，其疲劳强度可因此提高200%，但该工艺滚丝轮寿命降低，制造成本高。

内螺纹大批量加工一般选择攻螺纹，该方法比较经济、有效。采用的设备有立式单轴攻丝机、立式多轴攻丝机、卧式双轴自动攻丝机、卧式四轴自动攻丝机等。一般情况下内螺纹加工比外螺纹复杂，因为外螺纹加工时直观、润滑冷却条件较好且出屑方便，而内螺纹加工条件则恶劣得多。

1.3 紧固件失效分析环节

1.3.1 现场勘查

现场勘查是整个失效分析工作的基础和前提。现场勘查一般以失效现场为出发点，通过观察和现场试验等手段，全面、系统和客观地收集失效对象、失效现象和失效环境等失效信息。这些失效信息包括：

1）失效零部件的服役状况。

2）失效零部件和其他零部件的关系。

3）失效零部件的材质和制备工艺。

4）零部件失效数量占整个同批次同类零部件的比例。

5）其他异常情况（如关键工艺的变更、零部件维修情况）。

1.3.2 宏观形貌分析

利用肉眼或者放大镜对失效样品和其他相关零部件进行观察，必要时还要借助无损检测手段确定样品缺陷具体位置。通过观察断口、磨损、腐蚀形貌特征或裂纹分布形态，结合失效样品的使用状况，尽量找到失效起始位置并使用记号笔确定取样位置，同时要做好记录和拍照工作。

该环节可遵循"大胆猜想，小心求证"的原则，也就是先根据观察现象初步提出失效原因的可能性解释，并制定后续的详细取样方案和检测手段以证实前面的推测。

图1-1所示为螺栓常见断口的宏观形貌。图1-1a所示断口呈暗灰色纤维状，螺纹处发生塑性变形，存在缩颈现象，属于典型的扭转过载断口；图1-1b所示断口呈银白色，断口笔直，附近无宏观塑性变形，属于脆性断裂；图1-1c所示断口的起始部位平坦光滑，扩展区有典型的疲劳弧线，属于典型的高周低应力疲

劳断口。疲劳断裂过程有三个阶段，在断口上一般也能观察到三个区域：疲劳源区、扩展区和最终断裂区（瞬断区）。疲劳扩展区的典型形貌特征为疲劳弧线，瞬断区形貌特征为粗糙纹理，如图1-2所示。在材料对裂纹敏感性小、载荷小、载荷频率大等情况下，断口上的瞬断区相对面积一般很小。

a) 韧性断裂(螺栓拧断)　　b) 脆性断裂(氢脆)　　c) 疲劳断裂(高周低应力疲劳)

图1-1　螺栓常见断口的宏观形貌

a) 高应力水平　　　　　b) 中应力水平　　　　　c) 低应力水平

图1-2　不同应力水平下的螺栓疲劳断口宏观形貌

1.3.3　微观形貌分析

带有能谱仪附件的扫描电子显微镜是当今研究各种失效微观形貌（尤其是断口形貌）的最理想工具之一。通过扫描电子显微镜可以进行以下的试验分析工作：

1）断口微观形貌检查，观察断裂源区、扩展区和最终断裂区的微观断裂形貌，以确定断裂机制。

2）磨损表面形貌的观察、磨屑或磨损粒子的形貌及微区成分分析。

3）腐蚀表面的形貌观察及腐蚀产物的微区成分分析。

4）其他一些失效形貌的观察和分析。

图 1-3 所示为 42CrMo 钢轮毂固定螺栓早期疲劳断口扩展区的微观形貌。该区域微观断裂形貌为准解理断裂，其间分布着明显的疲劳辉纹条带。

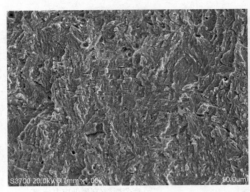

图 1-3　42CrMo 钢轮毂固定螺栓早期疲劳断口扩展区的微观形貌

图 1-4 所示为 65Mn 钢制弹性销因回火脆性导致装配过程中发生断裂的断口微观形貌。断口微观形貌呈冰糖状沿晶扩展，晶粒面光滑洁净。

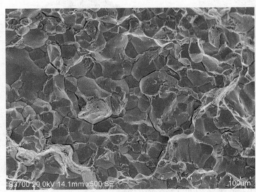

图 1-4　65Mn 钢制弹性销因回火脆性导致装配过程中发生断裂的断口微观形貌

图 1-5 所示为 10.9 级电镀锌螺栓氢脆延迟性断裂的断口微观形貌。断口微观形貌呈冰糖状沿晶扩展，在高倍下可观察到晶面上存在鸡爪纹和显微孔洞，这是氢致沿晶开裂断口的典型特征。

图 1-6 所示为 20 钢制 4.8 级螺栓在使用过程中发生断裂的断口扩展区微观形貌。该螺栓断裂处位于头杆过渡处，裂纹源处存在冲压折叠缺陷，加剧应力集中成为裂纹源。扩展区微观形貌为解理断裂，这是脆性断裂的典型特征。

图 1-7 所示为 35CrMo 钢六角头固定螺栓装配应力过大导致的过载断口微观

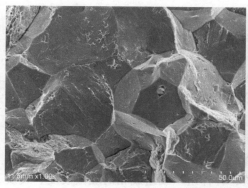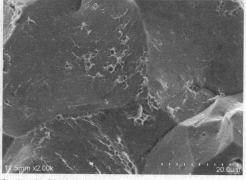

图 1-5 10.9 级电镀锌螺栓氢脆延迟性断裂的断口微观形貌

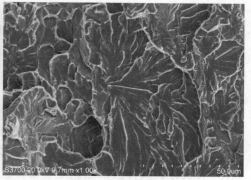

图 1-6 20 钢 4.8 级螺栓在使用过程中发生断裂后的断口扩展区微观形貌

形貌。该区域为拉伸韧窝，属于塑性断裂的典型特征。

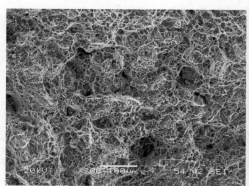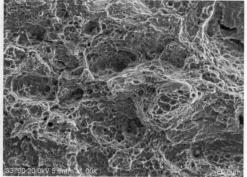

图 1-7 35CrMo 钢六角头固定螺栓装配应力过大导致的过载断口微观形貌

1.3.4 金相检查

金相检查按照测试倍数的大小分为低倍检查和高倍检查，是大多数失效分析中的一个标准步骤。

1）低倍检查可发现材料的偏析、疏松、缩孔、气泡、夹杂、白点、镦制流线紊乱、镦制折叠、热处理的氧化脱碳、淬火裂纹、磨削裂纹等缺陷。这些缺陷对零件的使用性能有影响，有的缺陷可能就是失效的真实原因。因此，需对失效紧固件或同批次紧固件纵截面和横截面尽可能取样进行低倍检查。

2）高倍金相检查在生产中针对各种重要零件使用情况都制定了相应的组织要求和检查标准。高倍金相检查可判明组织组成物的类型，观察组织组成物的形状、大小、数量、分布及均匀性，可检查晶粒度、非金属夹杂物、组织偏析和缺陷、渗层深度、镀层深度、表面氧化脱碳、各种组织或组成相的显微硬度、裂纹形貌、裂纹内部及其两旁基本状况。高倍金相检查对查清裂纹性质，判明失效原因有重要作用。

根据金相检查所获得的信息，可判别失效件原材料的冶金质量和加工质量，失效件在服役过程中是否存在致使材料组织与性能变化的异常工况和环境状态，以及裂纹的起源和走向等。

图 1-8 所示为 42CrMo 高强度螺栓经调质处理后的显微组织。该组织为均匀弥散分布的回火索氏体，属于正常的调质组织。图 1-9 所示为 42CrMo 钢调质处理缺陷的显微组织。其中，图 1-9a 所示淬火欠热组织为回火索氏体+未溶铁素体，其淬火加热温度过低，奥氏体未均匀化；图 1-9b 所示淬火未淬透组织为屈氏体+贝氏体，其淬火加热温度正常，且保温时间足够，但冷却速度不够，以至于螺栓不能淬透。无论是欠热组织，还是欠淬透组织都会导致材料硬度、强度和冲击韧性大幅降低。

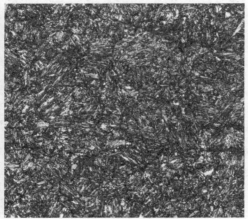

a) 回火索氏体+贝氏体 500×　　　　　　　　　b) 回火索氏体 500×

图 1-8　42CrMo 高强度螺栓经调质处理后的典型显微组织

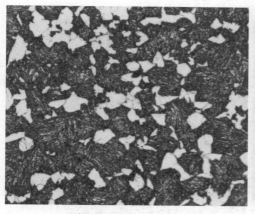
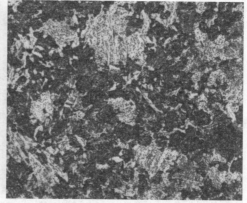

a) 淬火欠热组织 500×　　　　　　　　　　b) 未淬透组织 500×

图 1-9　42CrMo 钢调质处理缺陷的显微组织

图 1-10 所示为螺纹过渡质量较好的截面显微组织。由图 1-10 可看出，螺纹底部圆滑过渡，未见明显脱碳和折叠缺陷，滚压螺纹形成流线沿螺纹轮廓分布，过渡质量较好。该组织属于先调质后滚压螺纹的典型组织形貌。图 1-11 所示为螺纹过渡质量较差的截面显微组织。由图 1-11 可以看出，螺纹底部过渡毛糙，表面存在白色铁素体脱碳层（在调质过程保护气氛控制不当导致表面脱碳），根部还存在滚压螺纹过程中形成的折叠缺陷。该组织属于先滚压螺纹后调质的典型组织形貌。

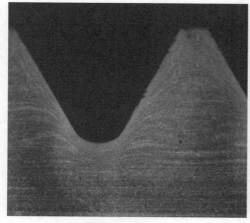
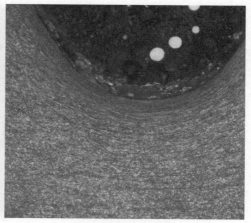

a) 螺纹截面显微组织 50×　　　　　　　　b) 螺纹截面显微组织 200×

图 1-10　螺纹过渡质量较好的截面显微组织

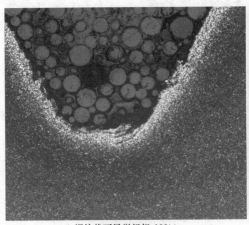 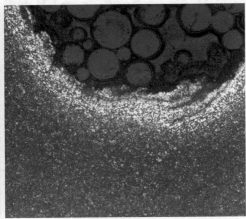

a) 螺纹截面显微组织 100×　　　　　　　　　b) 螺纹截面显微组织 200×

图 1-11　螺纹过渡质量较差的截面显微组织

　　图 1-12 所示为紧固件常见裂纹的微观形貌。图 1-12a 所示为滚压螺纹不当导致的折叠缺陷，缺陷走向与表面约呈 20°，两侧存在轻微氧化脱碳现象；图 1-12b 所示为淬火裂纹，该裂纹刚劲有力，尾端呈沿晶扩展，两侧未见明显脱碳现象；图 1-12c 所示为磨削裂纹，该裂纹较短，开口处存在因磨削过热导致的二次淬火白亮层，次表面易腐蚀区域为回火烧伤层；图 1-12d 所示为因表面脱碳层降低疲劳寿命后形成的疲劳裂纹，该裂纹极细，呈穿晶扩展。

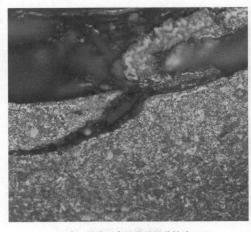 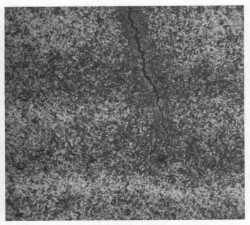

a) 滚压螺纹不当导致的折叠缺陷 500×　　　　　　　b) 淬火裂纹 200×

图 1-12　紧固件常见裂纹的微观形貌

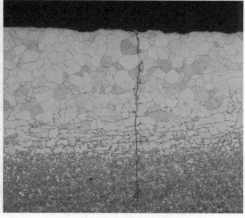

c) 磨削裂纹 100×　　　　　　　　　　d) 疲劳裂纹 200×

图 1-12　紧固件常见裂纹的微观形貌（续）

1.3.5　化学成分分析

在日常生产检验和失效分析中，化学成分分析占有重要的地位，属于实验室例行试验检测项目。对失效构件进行化学成分分析，可以判断构件选材是否合理，所选钢材是否符合相关国家标准的规定。应当指出，如果分析结果超出相关国家标准的规定，它可以作为追究有关部门责任或提出索赔的依据，但是否成为构件失效的根本原因尚需进一步开展工作。通常，选材错误很可能导致构件的失效，而化学成分超标往往不一定是构件失效的根本原因。

1.3.6　力学性能试验

力学性能试验可以检查失效件材料的优劣，判定是否符合技术条件中各项力学性能指标的要求，制造工艺执行的情况，以及在服役过程中受力和破断的过程。此外，力学性能试验还可对某些失效件进行寿命估算。

力学性能指标包括强度、塑性、冲击韧性、硬度、耐磨性、疲劳强度、断裂韧度、应力腐蚀开裂倾向等。这些性能指标可通过拉伸试验、冲击试验、硬度试验、磨损试验、疲劳试验、断裂韧度试验和应力腐蚀试验等方法测试。失效分析在选择力学性能试验时，必须清楚失效件服役条件及其失效形式特点，针对性地选择必要的力学性能试验，同时还应考虑实验室试验条件与失效件在形状、尺寸和服役条件上的差异。

1.3.7　无损检测

采用无损检测技术可以检测出紧固件内部夹渣、表层折叠、淬火裂纹等缺陷。因此，无损检测技术在失效分析中占有重要地位，是失效分析中不可缺少的实验检测方法。

无损检测方法很多，最常用的有磁粉检测、渗透检测、涡流检测、射线检测和超声检测等方法。磁粉检测和涡流检测主要用于探测表面和近表面缺陷，渗透检测仅用于探测被检物表面开口缺陷，超声检测和射线检测主要用于探测被检物的内部缺陷。各类无损检测方法的具体原理和方法见第 2 章。

1.3.8　失效模拟再现

在失效分析进入最后阶段，有时需要对导致失效的原因做进一步确认，在人为的条件下做模拟试验，和实际失效件进行对比，从而验证初步判断或分析是否正确。虽然对失效条件进行全部模拟是很困难的，但对其中一个或两个主要参数进行模拟是必要的，也是能做到的。

根据找到的可能原因，在同样的系统和工况条件下进行现场模拟试验，应能将失效事件再现。同类系统的普查也可看作是失效事件的模拟再现，这方面的工作可根据需要选择。作为关键零部件的失效可以通过试验台进行验证。

由此可见，失效分析的测试检查分析项目甚多，实施方法也各有差异，但不是所有失效分析都必须经历上述各项的检查分析。对于一项具体的失效事例，可按其失效属性和分析目的灵活取舍。对于特别重大的失效事故，还应组织有关厂家、高等院校、科研院所等各类专家联合进行分析。

第2章

<<<<<<<

紧固件常用无损检测方法

2.1 概述

无损检测就是以物理原理为基础，采用相应的试验、分析与测量设备，在不改变、不损害被检对象的状态、未来用途和功能的方式，对原材料、成形零部件和整体结构中存在的缺陷损伤进行探测，进而分析和评价组织完整性、质量状态和使用性能的检测技术。根据发展历程及应用趋势，无损检测分无损探伤、定量无损检测、无损评估三个阶段。

为保证紧固件产品的质量，常常使用无损检测技术对原材料和制造过程进行控制，原材料（主要是棒材、线材和管材）中普遍存在的缺陷包括组织疏松、缩孔、夹渣、冶炼冒口等，采用无损检测方法可以剔除不合格的原材料。在加工制备过程中，经过镦制、拉拔、冲压、磨削、滚压等机械加工及淬火、回火等热处理后，出现拉痕、磨削裂纹、淬火裂纹、折叠等缺陷的概率较大，采用无损检测方法来检查和探测零件是否存在缺陷，以此改进制造工艺，降低制造成本，提高产品质量。

此外，无损检测技术还常常用来检查失效件的同批服役件、库存件，以防止同类事故的发生。如果可以查出类似缺陷，则有利于失效模式及原因的分析判断。

根据无损探伤的物理原理，常用的无损检测方法有：磁粉检测、渗透检测、超声检测、涡流检测和射线检测。

2.2 磁粉检测

当被磁化的铁磁性材料表面或近表面存在缺陷（或组织状态的变化）从而

13

导致该处的磁阻变得足够大时，在材料表面空间可形成漏磁场。将微细磁粉施加在此表面上，漏磁场吸附磁粉形成磁痕，从而显示出缺陷的存在及形状，这种方法称为磁粉检测。磁粉检测的原理如图 2-1 所示。

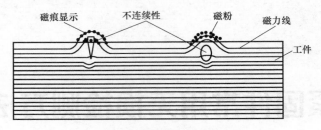

图 2-1　磁粉检测的原理

磁粉检测法的优点如下：

1）能直观显示缺陷的形状、位置、大小，并可大致确定其性质。

2）具有高的灵敏度，可检出的缺陷最小宽度可达到 $1\mu m$。

3）几乎不受试件大小和形状的限制。

4）检测速度快，工艺简单，费用低廉。

磁粉检测法的主要局限性如下：

1）只能用于铁磁性材料，不能检测奥氏体不锈钢、铝、铜、镁、钛等非磁性材料。

2）只能发现表面和近表面缺陷，可探测深度一般为 1~2mm。

3）磁化场的方向应与缺陷的主平面相交，夹角应为 45°~90°，有时还应从不同方向进行多次磁化。

4）不能确定缺陷的埋深和自身深度。

5）工件表面有覆盖层、喷丸层、油漆层等会降低检测灵敏度，覆盖层越厚，影响就越大，并不适用于检测存在表面镀层紧固件的牙底折叠。

6）检测后常需退磁和清洗。

2.3　渗透检测

渗透检测是检验非疏松性金属和非金属试件表面上开口缺陷的一种无损检测方法。将渗透剂施加到工件表面，由于毛细作用渗透剂将渗入表面开口缺陷中，去除工件表面上的多余渗透剂，经干燥、显像后在黑光或白光下，缺陷处发出黄绿色的荧光或呈现红色，从而探测出缺陷的形貌和分布状态。渗透检测有如下两种类型：

1）荧光检测：利用荧光液渗入裂纹内，并在紫外线照射下能显示颜色的特性，判断表面裂纹情况。

2）着色检测：利用有色渗透液渗入裂纹内，可不使用紫外线照射即可判断表面裂纹情况的方法。

渗透检测法不受工件的形状、大小、组织结构、化学成分和缺陷方位的影响，一次操作可同时检验工件表面所有开口性缺陷。检验速度快，大批量零件可以同时进行批量检验，从而实现 100％检验。渗透检测适用于检测紧固件的各种表面开口缺陷。

渗透检测法的主要局限性是：只能检出零件表面开口缺陷，不能显示缺陷的深度及缺陷内部的形状和大小；不适用于检查多孔或疏松材料制成的零件和表面粗糙的零件，且只能检出缺陷的表面分布，难以确定缺陷的实际深度，因而很难对缺陷做出定量评价；检测结果受操作者的影响也较大；紧固件表面浅而宽的缺陷容易被漏检；检测过程中渗透液容易腐蚀碳钢和合金钢。

2.4　超声检测

超声检测是利用材料自身及其缺陷的声学特性对超声波传播的影响，检测材料的缺陷或某些物理特性。其简单原理是：由超声发生器发出超声波，通过由水晶、钛酸钡等压电元件构成的换能器（即超声波探头），以纵波、横波、表面波或板波中任何一种形式发射到被检试样中，并在其中传播。如果在传播过程中遇到缺陷，将有部分超声波会被缺陷反射回来（就是通常所说的回波）并被探头接收。超声检测就是根据回波的返回时间和强度来判断缺陷在零部件中的深度和相对大小的。

超声检测主要用于板材、棒材、管材、铸件、锻件和焊接件的缺陷检测，最适合检测具有一定尺寸的面状缺陷，如分层、裂纹、未熔合、未焊透等。当缺陷的延伸面垂直于超声波束时，最利于超声检测。由于超声波在一般金属材料中可以传播较深，因此超声检测可以检测大厚度工件中存在的缺陷。超声检测适用于紧固件原材料内部裂纹、分层、夹渣等缺陷和螺栓成品头部镦制裂纹的检测。

超声检测的主要局限性如下：

1）需要适当的耦合方式才能将超声波施加到工件中和接收工件回馈的超声波信号，因此超声检测要求工件表面粗糙度值应限制在一定的范围。

2）对近表面的材料缺陷存在盲区，另外对平行入射波的线性缺陷检测存在一定难度，需要采用合适的入射角度。

3）检测记录性差，不像射线检测及其他检测方法那样，可得出射线照相底片或显示痕迹，需要靠波形来判断缺陷位置和几何形状，其操作难度较大，其效果和可靠程度往往受到操作人员的责任心、工作精神状态及技术水平高低的影响。

2.5 涡流检测

涡流检测是以电磁感应效应为基本原理的一种无损检测技术，利用金属材料在交变磁场中感应涡流的变化来判定材料的缺陷和物理特性。检测时，将工件放在通有交变电流的激励线圈中或其附近时，进入工件的交变磁场可在工件中感应出方向与激励磁场相垂直的、呈旋涡状流动的电流（涡流），涡流的分布和大小与金属的物理性能及表面有无缺陷有关。

涡流检测的主要优点是：检测速度快，线圈与工件可不直接接触，不需要耦合剂。主要缺点是：只限于导电材料，对形状复杂工件难做检查；由于存在趋肤效应，只能检查薄工件或厚工件的表面、近表面部位；对于铁磁性材料及制品常须完全直流磁化到饱和，以免在涡流检测期间磁化状态有任何变化而影响检测，且随后又须将此工件退磁；缺陷必须能截断涡流才可被检出，检测结果不直观，判断缺陷性质、大小及形状尚难，对多参量敏感时的解释是否正确取决于操作人员的水平。

在紧固件加工制造过程中，涡流检测主要用于不同材质的原材料棒材表面及近表面的复验，以检测原材料中的冶金缺陷为主要目的。除了对不同材质的管材、棒材表面及近表面缺陷的探测外，还可以用于不同材料的分选（混料的识别）、磁导率的测量、防护层厚度测量和非磁性材料的电导率测量（热处理状态的确认）。

2.6 射线检测

X 射线和 γ 射线是现代工业最常用的射线检测方法。

（1）X 射线检测　利用工件基体与缺陷处对 X 射线的吸收与散射效应不同，即可根据感光片黑度的变化来判断缺陷的性质、大小、数量和位置。X 射线检测主要适用于检查厚度小于 130mm（有的也可达到 500mm）构件的内部裂纹及缺陷。

（2）γ 射线检测　工业上广泛采用人工同位素产生 γ 射线。由于 γ 射线的波长比 X 射线更短，所以 γ 射线具有更大的穿透能力。在无损检测中，γ 射线常用于检测厚度较大工件的内部裂纹和缺陷。

射线检测可应用于各种材料（金属材料、非金属材料和复合材料）、各种产品缺陷的检验，检测技术对被检工件的表面和结构没有特殊要求。射线检测可发现被检工件内部各种缺陷（如裂纹、夹杂、缩孔、冷隔、气孔、疏松、偏析、未熔合等）。射线检测技术直接获得检测图像，给出缺陷和分布直观显示，容易判断缺陷性质和尺寸。其主要局限是：适合检测体积性缺陷，难以检测延伸方向垂直于射线束透照方向（或呈较大角度）的薄面状缺陷。射线检测特别适用于铸造缺陷和熔化焊接缺陷的检测，不适用于锻造、轧制等工艺缺陷的检测；适用于紧固件内部裂纹、空心、孔洞等缺陷的检测，不适用于紧固件折叠缺陷的检测。

2.7　案例分析

2.7.1　连接螺栓轴向线状磁痕聚集线分析

1. 概况

连接螺栓的材料为40Cr，强度级别为10.9级，热处理工艺为调质处理。在使用磁粉检测进行检修时，发现该螺栓表面存在轴向分布的线状磁痕聚集线。

2. 理化检验

（1）宏观形貌分析　由图2-2可见，线状缺陷断续分布于螺栓表面，呈轴向分布（图2-2b中箭头所指处）。

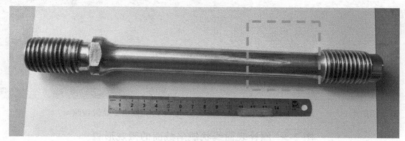

a) 存在线状缺陷的螺栓

b) 线状缺陷局部放大

图2-2　螺栓表面轴向分布的线状缺陷

（2）化学成分分析　在螺栓上取样进行化学成分检测，检测结果见表 2-1。其化学成分符合 GB/T 3077—2015 中关于 40Cr 的技术要求。

表 2-1　螺栓的化学成分（质量分数）　　　　（%）

类别	C	Si	Mn	P	S	Cr	Ni	Mo
试样	0.41	0.23	0.62	0.017	0.007	0.91	0.05	0.02
GB/T 3077—2015	0.37~0.44	0.17~0.37	0.50~0.80	≤0.035	≤0.035	0.8~1.10	—	

（3）缺陷截面微观形貌分析　为进一步分析螺栓表面缺陷形成原因，沿图 2-2a 虚线处取金相试样观察。图 2-3 所示为螺栓表面线状缺陷截面的微观形貌。缺陷深约 86μm，尾部分叉，其扩展方向与螺栓表面约呈 45°。缺陷内部充满填充物，能谱测试结果表明，填充物主要由氧化铝类夹渣组成，如图 2-4 所示。

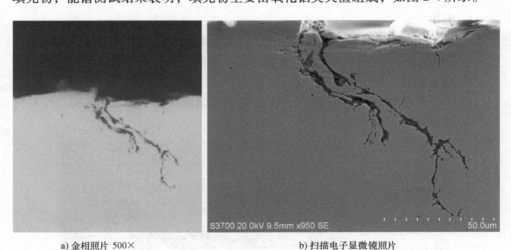

a）金相照片 500×　　　　b）扫描电子显微镜照片

图 2-3　螺栓表面线状缺陷截面的微观形貌

元素	质量分数(%)	摩尔分数(%)
O	46.80	62.03
Mg	1.24	1.09
Al	41.73	32.79
Ca	1.40	0.74
Fe	8.83	3.35

元素	质量分数(%)	摩尔分数(%)
O	47.74	63.58
Mg	0.89	0.78
Al	38.09	30.07
Ca	3.36	1.78
Fe	9.92	3.79

图 2-4　螺栓缺陷截面的微观形貌及内部填充物能谱测试结果

经硝酸乙醇溶液侵蚀，螺栓表面缺陷截面的显微组织如图 2-5 所示。缺陷附近组织为回火索氏体，未见脱碳现象。

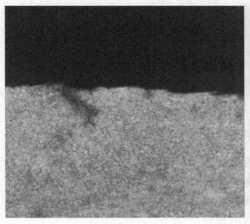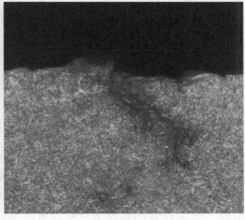

200×　　　　　　　　　　　　　　　500×

图 2-5　螺栓表面缺陷截面的显微组织

3. 结论

螺栓沿轴向分布的线状缺陷为氧化铝类夹渣在拉拔过程中形成的原材料发纹。

2.7.2　主轴牙底磁痕聚集缺陷分析

1. 概况

主轴（见图 2-6）制备工艺为：原料→冷拉→断料→磨加工→冷挤压→车加工→焊接→车加工→精磨→检验包装。在进行磁粉检测时，发现主轴牙纹根部存在磁痕聚集痕迹。

图 2-6　存在磁痕聚集的主轴宏观形貌

2. 理化检验

（1）宏观形貌分析　图 2-7 所示为主轴磁粉检测状态下的形貌。磁痕见图 2-7 中箭头所指处，沿轴向分布，与冷挤压方向垂直。

（2）金相检查　为进一步判断磁痕性质，垂直磁痕聚集线切割，将切割后

图 2-7　主轴磁粉检测状态下的形貌

的横截面制成金相试样，观察磁痕截面的显微形貌。如图 2-8 所示，裂纹与表面约呈 15°，深约 146μm。经硝酸乙醇溶液侵蚀后发现，裂纹附近组织为珠光体＋铁素体，未见明显氧化脱碳现象。与基体组织相比，表面组织呈变形纤维状流线分布，值得注意的是在裂纹尾端流线方向出现紊乱。

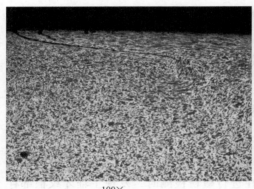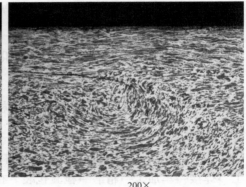

100×　　　　　　　　　　　　　　　　200×

图 2-8　主轴凹槽底部缺陷截面的显微组织

3. 结论

主轴牙底磁痕聚集处具有冷变形加工后形成的折叠缺陷特征，结合工艺特点可推断缺陷形成环节在冷挤压过程中。

2.7.3　动车制动夹钳单元销轴异常磁痕分析

1. 概况

制动夹钳单元是动车基础制动装置中制动力输出的重要部件，其结构如图 2-9 所示。制动夹钳单元主要由单元制动缸和制动夹钳两部分组成，其中制动夹钳由制动杠杆、销轴、闸片等主要零部件组成，销轴连接杠杆和杠杆吊座，并保证杠杆吊座的正常转动。服役过程中销轴和杠杆轴套相互接触摩擦。此外，制动夹钳单元与外界环境之间接触，销轴和轴套之间会发生不同程度的锈蚀。这会造成转动不灵活或卡滞，单元制动缸复位过程中阻力增大，从而引起单侧闸片与制动盘不能完全分离，甚至单侧制动杠杆无法转动。该侧闸片会始终贴靠制动盘，从而导致闸片偏磨。

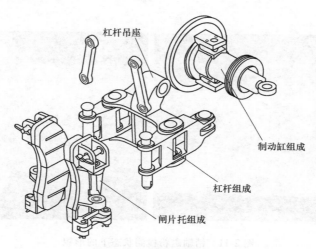

图 2-9　制动夹钳单元结构

因此，销轴不仅要具有较高硬度，还需要具备较好的耐蚀性，而 14Cr17Ni2 马氏体不锈钢是一种硬度与耐蚀性搭配较好的材料，可作为销轴的选用材料。销轴在制造过程中工艺要求高，车削、磨削加工保证工件精度，热处理方式为两端高频感应淬火，经磁粉检测判定无表面和近表面缺陷后才可装车使用。但成品经磁粉检测时，发现同批次全部销轴在高频感应淬火区表面（见图 2-10）存在磁痕聚集现象。

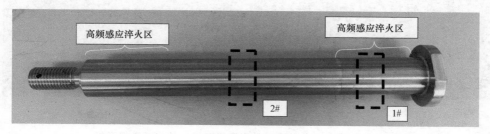

图 2-10　销轴

2. 理化检验

（1）形貌分析　销轴在磁粉检测状态下的形貌如图 2-11 所示。销轴两端高频感应淬火区位于图 2-10 中标记处,经磁粉检测发现同批次全部销轴在感应淬火区存在条状磁痕聚集现象,磁痕呈轴向平行分布,形态笔直,如图 2-12 所示。对磁痕聚集表面进行微观形貌检查,该区域表面存在周向分布的磨加工痕迹,局部存在轴向划痕,未见其他开口性缺陷。图 2-13 所示为中心未感应淬火区域(未见磁痕聚集区域)的表面微观形貌。该区域周向条痕粗而直,具有车加工痕迹特征。

图 2-11　销轴磁粉检测状态下的形貌

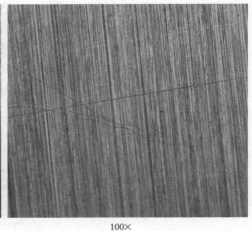

50×　　　　　　　　　　　　　　　　100×

图 2-12　感应淬火区域(磁痕聚集区域)的表面微观形貌

（2）化学成分分析　在销轴上取样进行化学成分检测,检测结果见表 2-2。其化学成分符合 GB/T 20878—2007 中关于 14Cr17Ni2 的技术要求。

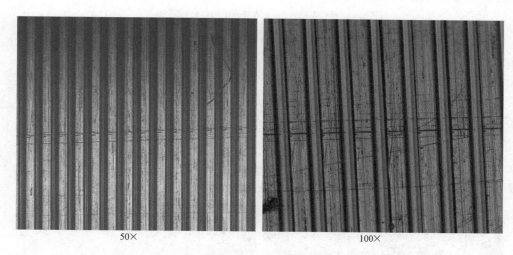

图 2-13　中心未感应淬火区域（未见磁痕聚集区域）的表面微观形貌

表 2-2　销轴的化学成分（质量分数）　　　　　　　　　（%）

类别	C	Si	Mn	P	S	Cr	Ni
试样	0.13	0.50	0.56	0.020	0.001	16.50	2.17
GB/T 20878—2007	0.11~0.17	≤0.80	≤0.80	≤0.040	≤0.030	16.00~18.00	1.50~2.50

（3）力学性能试验　在销轴心部取样进行拉伸性能试验，其结果见表 2-3。

表 2-3　销轴的拉伸性能试验结果

类别	抗拉强度 R_m/MPa	规定塑性延伸强度 $R_{p0.2}$/MPa	断后伸长率 A（%）
试样	1086	840	13
技术要求	≥1080	—	≥10

（4）金相检查　为进一步探究销轴磁痕聚集原因，分别在销轴上取 1#和 2#试样进行分析（见图 2-10）。其中，1#试样为销轴磁痕聚集处截面金相试样（感应淬火区域），2#试样为销轴中间段未发现磁痕聚集处截面金相试样（中间未感应淬火区域）。

图 2-14 所示为 1#试样中感应淬火区域磁痕聚集附近的非金属夹杂物。其非金属夹杂物级别为 D1.0，材料洁净度较好，磁痕聚集处截面未见微小裂纹。

图 2-15 所示为 1#试样中感应淬火区域磁痕聚集附近的纵截面显微组织。该区域的组织为马氏体+残留奥氏体+白色条状铁素体。图 2-16 所示为 2#试样中未感应淬火区域的纵截面显微组织。该区域组织为回火索氏体+少量白色条状铁素体。对比两个试样，1#试样条状铁素体含量较多。

图 2-14　感应淬火区域磁痕聚集附近的非金属夹杂物 100×

100×　　　　　　　　　　　　　　　500×

图 2-15　感应淬火区域磁痕聚集附近的纵截面显微组织

注：1~4 为化学成分测试位置。

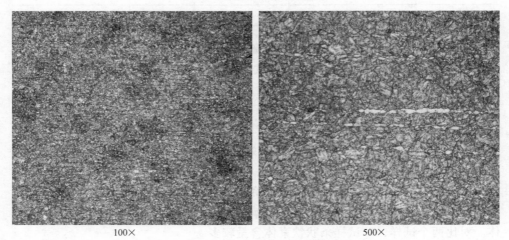

100×　　　　　　　　　　　　　　　500×

图 2-16　未感应淬火区域的纵截面显微组织

对 1#试样铁素体条带和马氏体基体处进行微区能谱测试，图 2-15 中不同位置的化学成分见表 2-4。铁素体区域铬的质量分数达到 21%，高于质量分数为 16.5%的正常值，铬元素是铁素体易形成元素。

表 2-4　图 2-15 中不同位置的化学成分（质量分数）　　　（%）

测试位置	Cr	Fe	Ni
1	21.32	77.53	1.15
2	21.62	77.22	1.16
3	16.43	81.30	2.27
4	16.28	81.51	2.21

3. 分析与讨论

结合销轴制造工艺和检测结果，综合分析销轴表面轴向磁痕聚集线的形成原因可能是：感应淬火裂纹或磨削裂纹；原材料发纹；磁粉检测通电电流过大；表面划痕；组织差异。

1）表面磁痕聚集处未见明显开口缺陷，截面金相结果在表面也未发现明显缺陷，因此可以排除感应淬火裂纹或磨削裂纹的可能性。

2）销轴化学成分符合要求，非金属夹杂物级别为：D1.0，材料洁净度较好，此外在截面金相上也未发现异常夹杂，因此可以排除原材料发纹的影响。

3）销轴仅在感应淬火区发现轴向磁痕聚集线，中间部位未发现，因此可以排除磁粉检测通电电流过大的可能性。

4）销轴表面经重新抛光处理后，再进行磁粉检测仍在相同部位发现类似磁痕聚集现象，且同批次销轴均存在同样现象，因此可以排除表面划痕的影响。

5）通过销轴感应淬火区和非感应淬火区表面金相检查结果分析可知，感应淬火区组织存在较多的条带状铁素体，且感应淬火区和中间非感应淬火区加工状态不一致，导致其表面粗糙度不同。这两点可以很好地解释了磁痕聚集线仅在感应淬火区分布且同批次都存在磁痕聚集的现象。因此，可以推测销轴表面磁痕聚集线可能与感应淬火区表面组织差异有关。

4. 结论

销轴表面出现的磁痕聚集与感应淬火区表面组织存在较多的条带状高温铁素体有关。高温铁素体中铬含量较高，而铬本身是无磁性的。因此，条带铁素体处磁导率比基体的磁导率大为降低，在进行磁粉检测过程中形成漏磁场，从而产生磁痕显示。

影响 14Cr17Ni2 不锈钢中高温铁素体含量的因素有两个：一是化学成分的影响。一般来说，钢中增加奥氏体的元素，如 C、Ni、Mn、N 等，将使铁素体数量减少；若增加形成铁素体的元素，如 Si、Cr 等，则铁素体数量增多。二是加热条件的影响。实践证明，加热温度高于1150℃或在高温下停留时间过长，均可出现大量铁素体。该销轴化学成分符合标准要求且未感应区域条状铁素体含量较少，可以排除化学成分的影响。因此，造成本案例中不锈钢铁素体含量较高的原因是感应淬火时加热温度过高。

2.7.4　42CrMo钢锭超声检测内部缺陷分析

1. 概况

42CrMo钢锭经超声检测时发现内部存在缺陷，对钢锭进行解剖以确定内部缺陷性质。

2. 理化检验

（1）宏观形貌分析　图2-17所示为发现缺陷的两块钢锭宏观形貌，分别编号为1#和2#。对钢锭进行超声检测，发现内部存在缺陷并进行定位，确定缺陷位置和尺寸。

（2）化学成分分析　在1#和2#钢锭上分别取样进行化学成分检测，检测结果见表2-5。钢锭的化学成分均符合GB/T 3077—2015中关于42CrMo的技术要求。

图 2-17　发现缺陷的两块钢锭宏观形貌

表 2-5　钢锭的化学成分（质量分数）　　　　　　　　（%）

类别	C	Si	Mn	P	S	Cr	Mo
1#钢锭	0.41	0.26	0.69	0.014	0.003	1.01	0.16
2#钢锭	0.39	0.33	0.63	0.016	0.002	1.08	0.16
GB/T 3077—2015	0.38~0.45	0.17~0.37	0.50~0.80	≤0.030	≤0.030	0.90~1.20	0.15~0.25

（3）缺陷处截面微观形貌分析　根据超声检测的缺陷定位结果，使用线切割在缺陷位置附近取样，将试样截面制成金相试样观察。1#钢锭试样缺陷截面处的微观形貌如图 2-18 所示，缺陷中间较粗，边缘细长，呈蜘蛛形，内部充满深灰色和黑色填充物。经硝酸乙醇溶液侵蚀后，缺陷处组织和基体一致，均为珠光体+网状铁素体，未见明显脱碳现象，如图 2-19 所示。

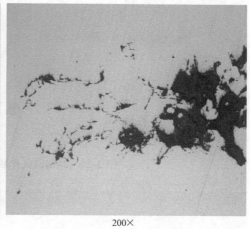

25×　　　　　　　　　　　　　　　　　　　　200×

图 2-18　1#钢锭试样缺陷截面处的微观形貌

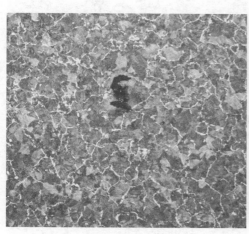

25×　　　　　　　　　　　　　　　　　　　　100×

图 2-19　1#钢锭试样缺陷截面处的显微组织

2#钢锭试样缺陷截面处的微观形貌如图 2-20 所示，缺陷内部充满深灰色和黑色填充物。将缺陷试样放入扫描电子显微镜下观察，如图 2-21 和图 2-22 所示，缺陷内部填充物呈颗粒状。经能谱测试，钢锭不同位置的化学成分见表 2-6，内部填充物主要为氧化铝、氧化钙和氧化镁类夹渣。

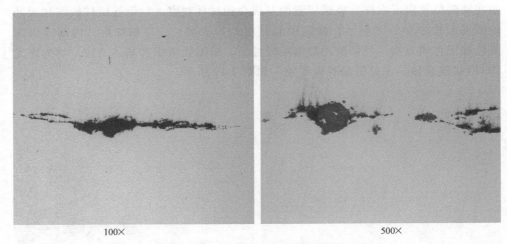

图 2-20　2#钢锭试样缺陷截面处的微观形貌

图 2-21　1#钢锭试样缺陷截面处的微观形貌

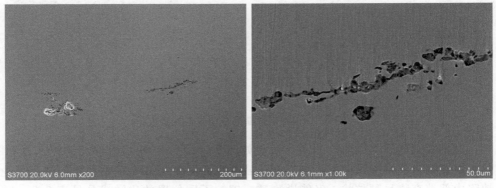

图 2-22　2#钢锭试样缺陷截面处的微观形貌

表 2-6　钢锭不同位置的化学成分（质量分数）　　　　（%）

测试位置	Si	Cr	Mn	Fe	O	Al	Ca	Mg
1#-缺陷	—	—	—	6.75	49.32	37.23	4.20	2.01
1#-基体	0.56	1.36	0.99	97.08	—	—	—	—
2#-缺陷	—	—	—	32.30	34.64	32.33	0.73	—
2#-基体	0.58	1.35	0.99	97.07	—	—	—	—

3. 结论

42CrMo 钢锭经超声检测出的内部缺陷为钢材熔炼过程混入的耐火材料，其性质为夹渣，主要组成物为氧化铝、氧化钙和氧化镁。

第 3 章

原材料缺陷造成的失效案例

大量紧固件失效分析的实践表明，很多失效事故是由原材料缺陷所致。紧固件的尺寸一般较小，原材料缺陷的存在不仅破坏了结构的完整性，造成局部应力集中，而且有些缺陷还会使得环境适应性显著降低，引发晶界腐蚀、应力腐蚀等早期失效的发生。因此，一方面生产厂家应对钢材的原始冶金缺陷具有有效的检验控制手段（比如各种无损检测方法）和严格的管理制度；另一方面，失效分析工作者应对这些原材料缺陷的发生、分布、性质及其对产品在服役中的早期失效可能产生的影响具有深刻的了解，并在失效分析中将其列为重要的内容进行检查分析。

材料缺陷一般有低倍冶金缺陷、夹杂物缺陷和显微组织缺陷。

3.1 低倍冶金缺陷

低倍冶金缺陷为通过肉眼或 20 倍以下的放大镜可以检验的宏观缺陷。这种缺陷尺寸较大，对紧固件的性能影响较严重。其中，表面低倍冶金缺陷包括折叠、发纹、皮下裂纹等，可采用目视检查、磁粉检测或渗透检测等方法检测；内部缺陷包括偏析、白点、气泡、疏松、缩孔等，可采用低倍检查、超声检测或 X 射线检测等方法检测。发现原材料内部缺陷超标时，可借助高倍金相显微镜或扫描电子显微镜判断缺陷性质，从而对单件或整批进行报废。值得注意的是，目前采用超声检测在表面一定深度存在盲区，紧固件的棒材直径太小时不能有效进行，因而应根据超声检测的能力，对直径较大棒材进行超声检测。

图 3-1a 所示为 45 钢钢坯原材料的低倍冶金缺陷——枝晶状偏析和皮下裂纹。由该图可以看出，在钢锭中间存在严重的枝晶状偏析，这使得钢坯内部化学成分和组织极不均匀，性能严重恶化。在钢锭表面还存在皮下裂纹，这在后续热加工过程中可能作为应力集中源容易产生裂纹，因此热加工钢不允许存在该缺

陷。机械加工用钢的皮下裂纹距表面的深度如果小于加工余量，可加工去除；如果距离表面较深，裂纹残留在加工后的零件表面会降低零件的使用寿命。

图 3-1b 所示为 42CrMo 钢锻坯的低倍冶金缺陷——白点。由该图可以看出，锻坯中存在呈辐射状分布的细小条状或锯齿状裂纹，这属于白点缺陷。白点（裂纹）有沿晶或穿晶扩展两种形式，在裂纹周边无塑性变形和氧化脱碳特征。白点是由钢中氢和组织应力共同作用下产生的细小裂纹，氢来源于钢的冶炼和浇注过程中，在纵向断口上呈圆形或椭圆形银亮粗晶斑点，白点名称即源于此。白点是钢材或工件内部存在的危险缺陷，会严重降低钢的塑性和韧性，往往在未发生塑性变形的情况下突然发生脆性断裂。在热处理过程中由于白点的存在，容易导致淬火开裂或延迟性断裂。因此，白点是紧固件原材料中不允许存在的缺陷。

a) 枝晶状偏析和皮下裂纹

b) 白点

图 3-1　原材料低倍冶金缺陷

35CrMo 钢锭经超声波检测发现图 3-2a 方框区域存在异常反射波，为确定内

a) 超声检测不合格锻坯

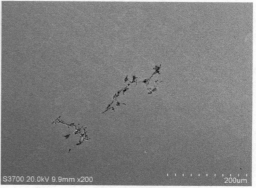

b) 缺陷截面微观形貌

图 3-2　原材料夹渣缺陷

31

部缺陷性质，使用超声波进行定位，在定位处线切割制成金相试样。图 3-2b 所示为缺陷截面微观形貌。缺陷内部存在填充物，经能谱测试内部填充物富含氧、铝和钙元素，据此可判断缺陷为氧化铝和氧化钙类夹渣。

3.2　非金属夹杂物

非金属夹杂物一般有两种，即外来夹杂物和内生夹杂物。外来夹杂物是在浇注过程中带入钢液中的炉渣、熔渣和耐火材料，通常尺寸较大且分布无规律，又称为夹渣。外来夹杂物对钢的危害性较大，是不允许存在的，必须在冶炼、出钢、浇注过程中加以防止。内生夹杂物尺寸较小，又称为显微夹杂，一般需要使用高倍金相显微镜进行检查。内生夹杂物有两种来源：

1) 脱氧、脱硫产物，特别是一些密度大的产物未能及时排出而滞留于钢中。

2) 随着钢液温度降低，硫、氧、氮等杂质元素的溶解度相应下降，于是杂质元素脱溶并与金属化合生成非金属夹杂物沉淀于钢中。

钢锭经过锻、轧等热加工后，由于不同夹杂物的塑性变形能力有较大差异，因此加工变形后钢材中夹杂物以不同形态存在。塑性夹杂物如 FeS、MnS 和含 SiO_2（质量分数为 40% ~ 60%）的低熔点硅酸盐等夹杂物呈条带状分布，如图 3-3a所示。而脆性夹杂物在热加工时不易变形，沿加工方向破裂，呈串链状分布，如图 3-3b 所示。这些串链状夹杂物往往分布在因成分不均匀而导致的条带状显微组织之间，当条带状组织和夹杂物处于受力部位的表面时，成为零件的薄弱环节而导致使用过程中发生早期失效。

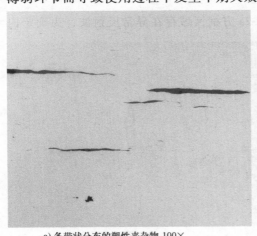 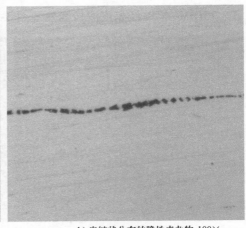

a) 条带状分布的塑性夹杂物 100×　　　　　　　　b) 串链状分布的脆性夹杂物 100×

图 3-3　非金属夹杂物的微观形貌

3.3　显微组织缺陷

显微组织是材料具有各种性能的内在依据，组织结构及其分布形态对材料的强度、塑性及韧性指标有明显影响。常见的显微组织缺陷有：带状偏析、碳化物超标、过热过烧、铝合金变质不良等。

3.3.1　带状偏析

使用 42CrMo 钢制造的高强度六角头螺栓在装配过程中发生断裂，断口形貌由中心向外扩展，如图 3-4 所示。在裂纹源附近截面做金相检查发现 V 字形裂纹，如图 3-5 所示。经硝酸乙醇溶液侵蚀后发现组织存在条带状偏析，白色条带区域为马氏体，黑色区域为索氏体，V 字形裂纹均分布在白色马氏体区域。经维氏硬度测试，白色马氏体区域硬度约为 720HV0.3，黑色索氏体区域硬度约为 320HV0.3，两处硬度相差很大。白色马氏体区域脆性较大，在拉拔过程中容易形成 V 字形裂纹，装配过程中这些裂纹作为应力集中点导致螺栓发生脆性断裂。

图 3-4　六角头螺栓断裂的宏观形貌

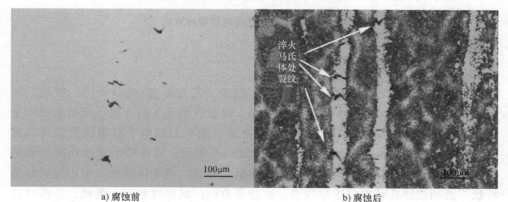

a) 腐蚀前　　　　　　　　　　　　　　　　　b) 腐蚀后

图 3-5　裂纹源附近的显微组织

经后续调查发现，该批原材料冶炼过程中使用石墨渣保护浇注，石墨渣铺放不当或浇注速度太快，导致石墨粉渣卷入钢液中。钢锭凝固过程中将石墨增碳的钢液推向中心缩孔区，使增碳区下移至冒口线以下，后续切头不够该区域保留下来，导致钢材上出现中心增碳缺陷。经过热处理后增碳区域形成高硬度高脆性的马氏体，而其他区域碳含量较低，为回火索氏体。

3.3.2 碳化物超标

某型号地铁齿轮箱使用 QT500 制造，制备工艺为铸造+去应力退火，放油孔由呈一定锥度的螺栓缠绕生料带密封，服役约两年后放油孔处存在漏油现象。经拆解发现放油螺纹孔处存在裂纹，如图 3-6a 所示。对裂纹附近螺纹截面进行金相检查，其结果如图 3-6b 所示。其组织除铁素体外还有大量定向分布的碳化物，表面碳化物密积聚层厚度约 4.4mm，导致螺纹孔处脆性较大。螺纹孔和螺栓配合具有一定锥度，因此在检修后装配过程中预紧力稍大时，螺纹孔处将会受到较大的法向拉应力，从而使该区域发生脆性开裂导致漏油。

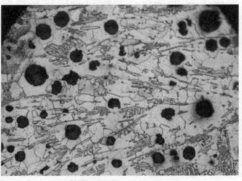

a) 齿轮箱放油孔处裂纹宏观形貌　　　　　b) 放油孔螺纹截面的显微组织 100×

图 3-6　某型号地铁齿轮箱漏油案例

3.3.3 铝合金变质不良

某型号地铁齿轮箱采用 ZL101 制造，制备工艺为铸造+时效处理，使用三年后在放油螺纹孔处发生开裂进而导致漏油。将裂纹经人工打开后，原始断面未见疏松、夹渣缺陷，如图 3-7 所示。由图 3-8 所示断面扫描电子显微镜形貌可以看出，裂纹沿硅相扩展，硅相呈长针状。如图 3-9 所示，对比放油螺纹孔附近和基体显微组织不难发现，放油螺纹孔处硅相呈长针状，而基体硅相呈细小块状和条杆状。放油螺纹孔处变质质量较差，这会导致该区域韧性和塑性降低，在检修后重新装配时预紧力过大，该区域容易发生脆性开裂导致漏油。

a) 齿轮箱放油孔处裂纹宏观形貌

b) 裂纹打开后的断面宏观形貌

图 3-7　铝合金齿轮箱放油螺纹孔漏油案例

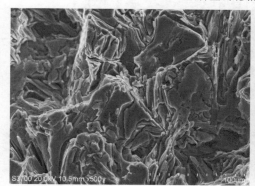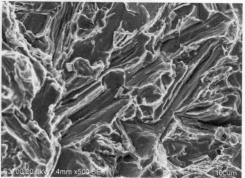

图 3-8　断面扫描电子显微镜形貌

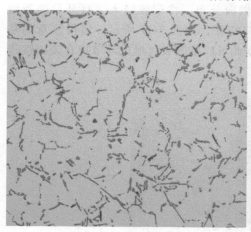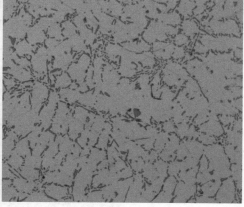

a) 放油螺纹孔附近显微组织

b) 基体显微组织

图 3-9　放油螺纹孔附近和基体显微组织对比 100×

3.4 案例分析

3.4.1 制动夹钳油路管接头开裂分析

1. 概况

某型号动车制动夹钳油路管接头的材料为 45 钢，表面处理工艺为镀彩锌。装配后进行压力试验时发现管接头处漏油。经拆卸检查发现管接头螺纹顶部存在条状轴向裂纹，如图 3-10 所示。

图 3-10 开裂管接头宏观形貌照片及缺陷局部放大照片

2. 理化检验

（1）宏观形貌分析 管接头裂纹呈轴向分布，将裂纹经人工打开后的断面较粗糙，存在平行条纹，具有木纹状断口特征，如图 3-11 所示。值得注意的是断口表面未见明显氧化和镀锌残留层，据此可以推测裂纹形成环节应在表面镀锌工艺之后。

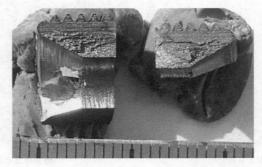

图 3-11 经人工将管接头裂纹打开后的断口宏观形貌

（2）断口扫描电子显微镜形貌分析 图 3-12 所示为将裂纹打开后的断口微观形貌。断口存在密集、平行分布的条状夹杂物，夹杂物之间存在少量韧窝形貌。经能谱分析，夹杂物主要成分为硫化锰，如图 3-13 所示。

（3）钢中非金属夹杂物分析 在管接头上纵向取样，观察断口附近非金属夹杂物微观形貌。按照 GB/T 10561—2005 检查和评定，开裂管接头存在 A 类夹杂物粗系 2.0 级，材料洁净度较差，如图 3-14a 所示。

（4）显微组织分析 断口截面的显微组织为珠光体+网状铁素体，如图 3-14b所示。根据 GB/T 6394—2017 可以评定其晶粒度约为 6 级。

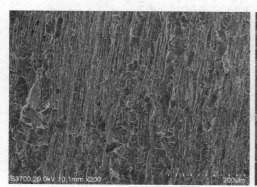
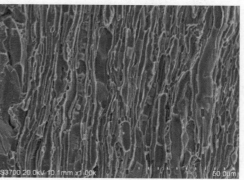

图 3-12 将裂纹打开后的断口微观形貌

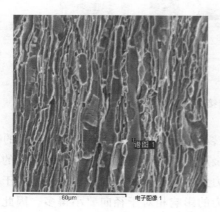

元素	质量分数 （%）	摩尔分数 （%）
S	30.26	42.80
Mn	42.07	34.73
Fe	27.66	22.46

图 3-13 断面夹杂物能谱分析及结果

3. 结果分析

（1）管接头装配应力的影响 图 3-15 所示为开裂管接头装配示意图。接头本体和前卡套装配后形成主密封，装配时的轴向力转化为接头处的径向挤压力。

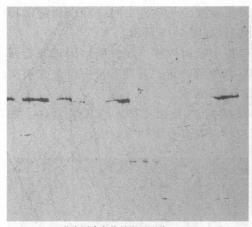

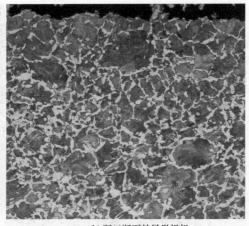

a) 非金属夹杂物的微观形貌   b) 断口断面的显微组织

图 3-14　螺纹截面非金属夹杂物的微观形貌与断口截面的显微组织 100×

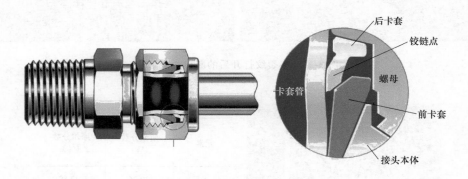

图 3-15　开裂管接头装配示意图

（2）钢中非金属夹杂物的影响　开裂管接头断面存在较密集长而粗的硫化锰类夹杂物，材料洁净度较差。这些非金属夹杂物的存在破坏了钢材基体的均匀连续性，在装配应力作用下容易形成应力集中，成为材料的薄弱环节。由于夹杂物沿纵向呈平行条状分布，对轴向拉应力的影响相对于径向要小得多，因此管接头在径向拉伸载荷作用下于夹杂物聚集分布处萌生裂纹并沿轴向开裂。

4. 结论

管接头裂纹经打开后的断面存在大量硫化锰类夹杂物，夹杂物降低了基体连续性，使得该区域有效承载面积大幅降低，导致管接头在装配应力作用下发生开裂。

3.4.2 防风拉线定位环U形螺栓断裂分析

1. 概况

防风拉线定位环U形螺栓的材料为304不锈钢（美国牌号，相当于我国的06Cr19Ni10），加工工艺流程为：原钢坯轧制钢棒→时效→切头→表面镀覆处理→抽线→矫直切断→研磨抛光→粗车螺纹→滚压螺纹→弯形→100%外观检查→出厂。U形螺栓使用工况及防风拉线定位环实物如图3-16所示，圆圈处即为防风拉线定位环。经了解该防风拉线定位环主要起定位的作用，无电流通过，所受载荷也较小。该批防风拉线定位环使用约1年半时间，陆续发生U形螺栓断裂失效。

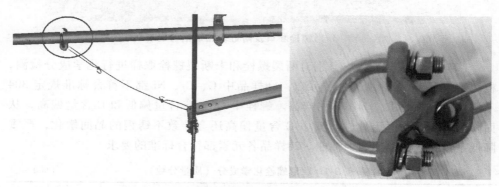

图3-16 U形螺栓使用工况及防风拉线定位环实物

2. 理化检验

（1）宏观形貌分析 图3-17所示为断裂的U形螺栓。U形螺栓断裂处位于中间稍偏的位置。断口整体为径向断裂，垂直于拉应力方向。断口附近无明显塑性变形痕迹，为脆性断裂。图3-18所示为U形螺栓断口及附近表面缺陷的宏观形貌。由图3-18可以看出，断口主要有两个裂纹源，裂纹源1周边约1/3的断口上有明显的腐蚀产物覆盖物，其余区域腐蚀产物较少。

图3-17 断裂的U形螺栓

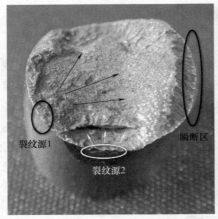

图 3-18　U 形螺栓断口及附近表面缺陷的宏观形貌

（2）化学成分分析　分别对断裂螺栓和未断裂螺栓取样进行化学成分检测，检测结果见表 3-1。从表 3-1 可知，1#样品中 C、Cr、Ni 都不符合标准规定 304 不锈钢的成分要求，为不合格产品。螺栓中 Cr、Ni 含量偏低和 C 含量偏高，从而降低了不锈钢的耐蚀性。其中 C 含量偏高还会导致不锈钢的晶间敏化，严重降低不锈钢的耐晶间腐蚀性能。2#样品各元素都符合标准的要求。

表 3-1　U 形螺栓化学成分（质量分数）　　　　　　　（%）

类别	C	Cr	Ni	Si	S	P	Mn
断裂螺栓（1#）	0.14	16.32	7.34	0.37	0.010	0.036	1.05
未断裂螺栓（2#）	0.03	18.36	8.13	0.32	0.002	0.034	0.76
ASTM A276—2017	≤0.08	18.0~20.0	8.0~11.0	≤1.00	≤0.030	≤0.045	≤2.00

（3）非金属夹杂物分析　不锈钢的洁净度会对其力学性能和耐蚀性产生影响，因此取样对该 1#、2#样品进行非金属夹杂物分析，结果见图 3-19 和表 3-2。由图 3-19 和表 3-2 可以看出，1#样品中含有 A 类、C 类和 D 类夹杂物，其中 C 类夹杂物含量较多，粗系和细系都达到 3.0 级，这说明该螺栓的纯洁度较差。2#样品洁净度明显优于 1#样品。

表 3-2　非金属夹杂物数据表

编号	A		B		C		D		Ds
	细	粗	细	粗	细	粗	细	粗	—
1#	1.0	0.5	0.0	0.0	3.0	3.0	0.5	0.5	0.0
2#	0.0	0.0	0.0	0.0	1.5	1.0	0.5	0.5	0.0

对螺栓的 1#、2#样品进行硬度检测，硬度分别为 293 HV0.5 和 323 HV0.5，

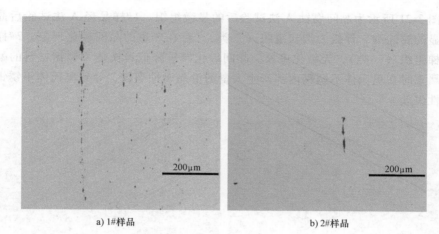

a) 1#样品　　　　　　　　　　　b) 2#样品

图 3-19　非金属夹杂物

螺栓样品的硬度都偏高，这是因为螺栓为冷成形，存在加工硬化现象。

（4）显微组织分析　对螺栓的 1#、2#样品进行显微组织分析，如图 3-20 所示。1#样品组织为孪晶奥氏体+形变马氏体组织，为冷变形组织；组织中还可见碳化物沿晶界聚集的现象，碳化物晶界聚集会造成晶界处耐蚀性严重降低，严重者会造成晶间腐蚀开裂。2#样品组织为孪晶奥氏体+少量形变马氏体组织，变形条带较为明显，为冷变形组织。

a) 1#样品　　　　　　　　　　　b) 2#样品

图 3-20　螺栓的显微组织

（5）晶间腐蚀 A 法试验　由于奥氏体不锈钢的碳化物分布及形态严重影响不锈钢的耐蚀性，因此参照 GB/T 4334—2008《金属和合金的腐蚀　不锈钢晶间腐蚀试验方法》分别对 1#、2#样品进行晶间腐蚀 A 法试验，以确定是否存在晶间敏化现象。

图 3-21 所示为晶间腐蚀 A 法试验后的显微组织。1#样品经 A 法试验后晶界有明显的腐蚀沟，评级为沟状组织（三类），存在严重的晶间敏化现象。2#样品是阶梯组织（一类），无敏化迹象。晶间敏化严重降低奥氏体不锈钢材料的耐蚀性，严重时在奥氏体不锈钢内部产生大量的沿晶腐蚀裂纹，导致奥氏体不锈钢的粉碎性失效。

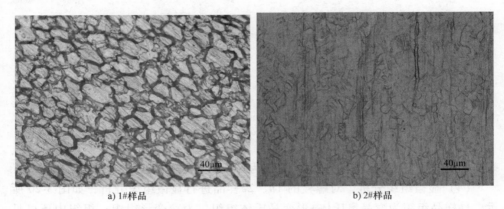

a) 1#样品   b) 2#样品

图 3-21　晶间腐蚀 A 法试验后的显微组织照片

（6）断口与腐蚀产物分析　对断口进行扫描电子显微镜观察，裂源处存在泥状花样腐蚀产物覆盖层，是应力腐蚀早期断面上特有的形貌特征。断口裂纹源区的泥状花样及能谱成分如图 3-22 所示。结果显示，腐蚀产物中主要为铁和铬的氧化物，产物中还存在氯离子。氯离子是不锈钢的敏感介质，可以导致不锈钢的点蚀和应力腐蚀。

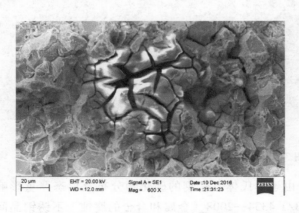

元素	质量分数(%)
C	1.28
O	41.50
Si	0.42
S	0.56
Cl	0.82
Ca	0.27
Cr	8.00
Fe	45.88
Ni	1.00
Zn	0.27

图 3-22　断口裂纹源区的泥状花样及能谱成分

图 3-23 所示为断口扩展区和最终瞬断区的微观形貌。断口扩展区断口为冰

糖状沿晶形貌，断口上还可见较多的沿晶二次裂纹。断口瞬断区以韧窝形貌为主，为典型的塑性断口形貌，由此可见该螺栓存在一定的塑性。

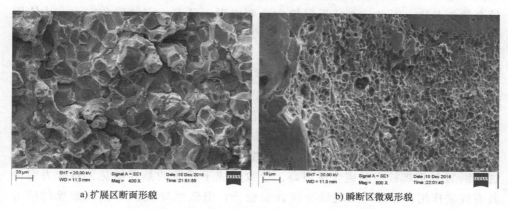

a) 扩展区断面形貌　　　　　　　　　　b) 瞬断区微观形貌

图 3-23　断口扩展区和最终瞬断区的微观形貌

（7）裂纹分析　经观察断口附近外表面无其他裂纹，断口内存在多条二次裂纹。图 3-24 所示为断口处的二次裂纹。由图 3-24 可见，沿晶裂纹呈闪电状向基体内部延伸，为单支型无分叉，具有沿晶型应力腐蚀裂纹的特征。奥氏体不锈钢为平面滑移材料，应力腐蚀多为穿晶型，但该螺栓存在严重的晶间敏化，晶界强度已经严重弱化，因此转变为沿晶型应力腐蚀。

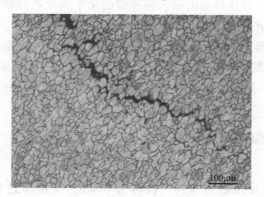

图 3-24　断口处的二次裂纹

3. 结果分析

该 U 形螺栓断口为冰糖状沿晶脆性断口，而且晶界上存在严重的晶界敏化，因此该 U 形螺栓的断裂可能为晶间腐蚀断裂或沿晶应力腐蚀断裂。如果以晶间腐蚀断裂为主，则可能是没有方向性的大面积沿晶裂纹，而该 U 形螺栓断口为垂直于拉应力的径向断口，具有一定的方向性，符合应力腐蚀特征，因此该 U 形螺栓的断裂以应力腐蚀为主。

应力腐蚀是指在拉应力作用下，金属在腐蚀介质中被诱发的破坏，是不锈钢腐蚀失效中最常见也是最危险的一种腐蚀失效。发生应力腐蚀失效需拉应力和腐蚀介质二者缺一不可。该 U 形螺栓为冷弯成形，具有一定的残余应力，从使用的工况来看，U 形螺栓的最外缘受拉应力的作用。因此冷成形的残余应力和使用时的拉应力是应力腐蚀失效的应力条件。

该 U 形螺栓为防风拉线定位环上零部件，在高空下使用，历经风吹雨打。在其表面的凹坑和缺陷处极易积累和浓缩氯离子等应力腐蚀敏感介质，诱发应力腐蚀的产生，因此断口上可观察到泥状花样和氯离子存在。

U 形螺栓的 2#样品无任何开裂或腐蚀的痕迹，因为该样品中的碳含量较低，而且腐蚀介质的含量较少，因此应力腐蚀和晶间腐蚀的倾向很小，不足以发生腐蚀。断裂 U 形螺栓中的碳含量很高，导致形成了严重的晶界敏化，对应力腐蚀具有促进作用，虽然外界腐蚀介质含量较低，但依然导致了 U 形该螺栓的应力腐蚀。

4. 结论

1）该防风固定环 U 形螺栓的断裂符合应力腐蚀特征，属于氯化物应力腐蚀失效。裂纹起源于 U 形螺栓外缘表面缺陷处。

2）该断裂 U 形螺栓样品的严重晶间敏化是诱发应力腐蚀断裂的主要原因之一。

3）该断裂 U 形螺栓样品的碳、铬和镍的化学成分不合格，其中碳含量偏高是该螺栓晶间敏化产生的主要原因。

4）该断裂 U 形螺栓样品的 C 类夹杂物含量较多，粗系和细系都达到 3.0级，材料纯净度较差是该 U 形螺栓晶间敏化产生的另一重要原因。

5）建议严格控制产品中的化学成分，特别是碳含量。出厂时做好化学成分和表面质量的检验，必要时可增加抽样检验比例。

3.4.3　M10 电缆线卡垫片开裂分析

1. 案例简介

某电缆线卡垫片规格为 M10，材料为 65Mn。在检修过程中，发现该垫片开裂。

2. 理化检验

（1）形貌分析　图 3-25 所示为开裂垫片的宏观形貌。裂纹沿径向呈放射状分布。

图 3-26 所示为 1#垫片裂纹打开后的断面扫描电子显微镜形貌。断面呈平行条带状扩展，局部存在覆盖物，根据形貌特征可以初步推测可能为螺纹密封胶。图 3-27 所示为断口扩展区和最终断裂区的微观形貌。扩展区呈沿晶扩展+少量韧

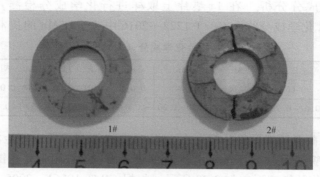

图 3-25 开裂垫片的宏观形貌

窝，断面平行条带处存在链条状非金属夹杂物。最终断裂区微观形貌以韧窝断裂为主。

图 3-26 1#垫片裂纹打开后的断面扫描电子显微镜形貌

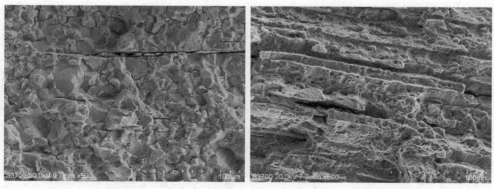

a) 扩展区　　　　　　　　　　　　　　b) 最终断裂区

图 3-27 断口扩展区和最终断裂区的微观形貌

（2）化学成分分析　在 1#垫片上取样进行化学成分检测，检测结果见表 3-3。该垫片化学成分符合 GB/T 1222—2016 中关于 65Mn 的技术要求。

表 3-3　垫片化学成分（质量分数）　　　　　　（%）

类别	C	Si	Mn	P	S	Cr	Ni	Mo	V
1#垫片	0.66	0.24	0.90	0.011	0.014	0.03	0.01	<0.01	<0.01
GB/T 1222—2016	0.62~0.70	0.17~0.37	0.90~1.20	≤0.030	≤0.030	≤0.25	≤0.25	—	—

（3）断口截面微观形貌分析　在 1#垫片上线切割取样进行金相检查，裂纹附近的微观形貌如图 3-28 所示。由图 3-28 可看出，裂纹附近存在链条状夹杂物。其非金属夹杂物的微观形貌如 3-29 所示。根据 GB/T 10561—2005 可以评定其非

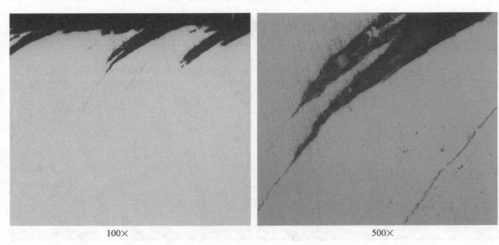

100×　　　　　　　　　　　　　　500×

图 3-28　1#垫片裂纹附近的微观形貌

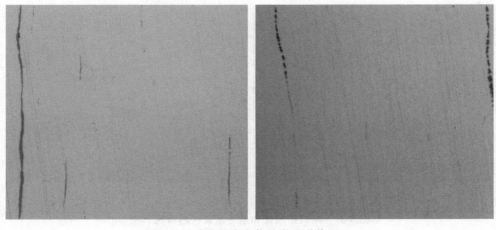

图 3-29　非金属夹杂物的微观形貌 500×

金属夹杂物级别为：A1.5，B2.0，D1.0。

（4）显微组织分析　图3-30所示为1#垫片基体的显微组织。该区域组织为回火屈氏体。对该区域进行维氏硬度测试，其结果为461HV1.0、466HV1.0、464HV1.0。

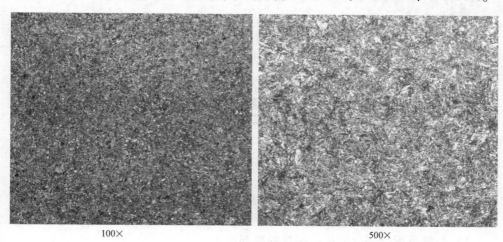

100×　　　　　　　　　　　　　　500×

图3-30　1#垫片基体的显微组织

3. 结果分析

脆性夹杂物在热加工时不容易变形，沿加工变形方向破裂，呈串链状分布。这些串链条状夹杂物往往分布在因成分不均而导致的条带状显微组织之间，当条带状组织和夹杂物处于受力部位的表面时，将成为零件的薄弱环节而导致使用过程中发生早期失效。

4. 结论

垫片断口属于一次性脆性断裂。垫片材质洁净度较差是垫片发生开裂的主要原因。B类夹杂物属于脆性夹杂物，垫片在装配应力作用下容易沿夹杂物处发生开裂。

第 4 章

头部镦制工艺不当造成的失效案例

对主要承受轴向拉应力载荷的螺栓进行大量统计分析，发现螺栓常见的破坏位置分别在以下三处：

1）与螺母配合部分的第一螺纹的根部。

2）螺栓头与螺杆的过渡处。

3）螺纹与光杆部分的过渡区。

螺栓在各位置发生破坏的统计概率如图 4-1 所示。

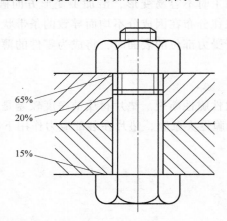

图 4-1 螺栓在各位置发生破坏的统计概率

从图 4-1 可知，除螺纹根部外，影响螺栓疲劳性能的薄弱部位是螺栓头部与杆部的过渡圆角处。为提高该区域的力学性能，高强度螺栓头部成形已很少采用车削加工，多数采用冷镦、热镦成形，以提高螺栓的连接强度。螺纹采用滚压，并要求螺栓头部与杆部的金属流线沿头部外形连续分布。只有合格的金属流线，才能提高紧固件的疲劳强度。

4.1　头部镦制工艺

　　热镦工艺是在高温下进行的，容易产生氧化皮和脱碳层，成品精度较差且机加工余量大，通常只有较长的紧固件或较小批量生产的紧固件才会使用热锻成形方法，大多数紧固件是通过线材经冷镦来达到半成品的形状及长度的。与切削加工相比，金属纤维在镦制过程中无切断呈连续状，从而提高了产品强度，各方面的力学性能都有较大提升。而且冷镦工艺相对于切削加工的生产率更高，非常适宜批量生产螺栓、螺钉、螺母和铆钉等紧固件。

4.2　头部镦制流线检查

　　镦制成形后，紧固件截面流线分布状态可以使用低倍侵蚀的方法来检查，检查要求流线沿镦制成形后的外形分布，头杆过渡区的流线不被切断。图 4-2 所示40Cr 钢螺栓头部流线沿轴向平行分布，并非沿头杆过渡区外形分布，据此可判断螺栓头部成形工艺为车加工，并非镦制而成。该工艺不仅废料而且头杆过渡区流线被切断，由于材料各向异性导致过渡区域强度降低，服役过程中裂纹容易在过渡处萌生，从而导致螺栓掉头。

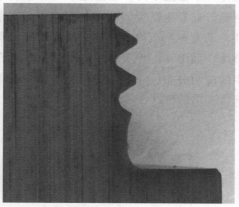

图 4-2　40Cr 钢螺栓头部未进行镦制的流线分布

　　图 4-3a 所示为 42CrMo 钢螺栓冷镦成形后的流线形貌。流线沿轴心对称分布，并且沿过渡区外形连续分布，未见流线切断、回流、涡流等流线紊乱的现象，流线分布质量较好。

　　图 4-3b 所示为 35CrMo 钢螺栓冷镦成形后的流线形貌。流线明显偏向一侧，这与镦头时模具未准确对中有关。这会导致头杆过渡两侧变形量不一致，容易在过渡圆弧附近产生折叠缺陷。

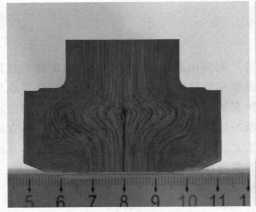

a) 流线分布状态较好   b) 流线分布状态较差

图 4-3　螺栓头部进行镦制的流线分布

　　锻件中不符合要求的流线（涡流、穿流、紊流）使基体纤维中断，组织突变，降低了紧固件的力学性能和疲劳强度，同时产生许多潜在的裂纹源，从而导致脆性、韧性断裂或应力腐蚀开裂。冷镦时工件调整不当或钢材硬度过低，容易在锻件内部变形量较大区域产生横向裂纹，严重破坏了锻件组织的连续性，导致整体力学性能下降，甚至造成零件报废。例如：35K 汽车用紧固螺栓在进行装配时螺母处发生断裂，断口扫描电子显微镜检查发现微观形貌为解理、准解理特征，未发现严重冶金缺陷。经金相检查发现，螺母处存在沿流线分布的横向冷镦裂纹，如图 4-4 所示。该裂纹不仅减少了螺栓有效承载面积，还改变了装配过程中的应力分布，是导致螺栓装配掉头的主要原因。

a) 冷镦裂纹微观形貌   b) 冷镦裂纹显微组织

图 4-4　冷镦裂纹的微观形貌及显微组织 100×

4.3　头部镦制缺陷

1. 头部镦制毛刺与折叠

坯料表面状态不好，或存在较大的毛刺等，镦粗后易产生折叠，给实际使用带来隐患。例如：35CrMo 钢螺栓冷镦成形后经磁粉检测发现头杆过渡角处存在磁痕聚集现象，沿轴向线切割取样观察头杆过渡圆弧处的冷镦流线形貌，如图 4-5 所示。过渡圆弧处存在折叠缺陷，折叠处显微组织严重变形呈纤维状，折叠随变形纤维向内扩展，存在紊流现象。其原因是冲裁落料刃口变钝未经修磨，落料时形成挤压，使其端面出现不规则毛刺和尖角现象。在冷镦时，这部分金属受力变形，未经镦合而产生二次硬化，使折叠根部出现裂纹。经修磨剪切刃口和调整剪切间隙后，消除了毛刺的出现和冷镦折叠的产生。

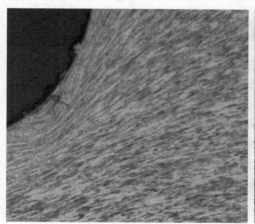 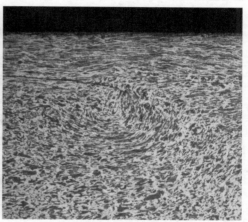

a) 头杆过渡处镦制变形流线 25×　　　　　　　b) 冷镦折叠沿镦制变形方向扩展 100×

图 4-5　冷镦流线形貌

2. 头部镦制过热与过烧

镦锻加热温度过高，局部易产生过热，过热时会导致材料晶粒粗大，严重时产生过烧。过热是指金属材料由于加热温度过高，或在规定的锻造与热处理温度范围内停留时间过长引起的晶粒粗大现象。过烧是指加热温度过高或在高温加热区停留时间过长，导致材料内部低熔点物质熔化，或环境中的氧化性气体渗透到晶界，形成易熔的氧化物共晶体。过烧时局部晶界烧熔，并沿晶界出现小孔洞。45 钢六角头螺栓在装配过程中发生批量断裂，断裂处均位于头杆过渡处。该螺栓掉头后的断口宏观形貌及晶粒度如图 4-6 所示。断口呈石板状，无明显塑性变形。在断口附近取样经过热侵蚀剂侵蚀后其奥氏体晶粒极其粗大。这是由于螺栓热锻工艺温度较高，形成粗大的过热组织，导致该批次螺栓强度大幅降低，在装配应力作用下沿原粗大奥氏体晶粒处断裂，形成石状断口。

 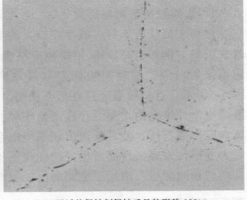

a) 螺栓头部石状断口宏观形貌   b) 经过热侵蚀剂侵蚀后晶粒形貌 100×

图 4-6   45 钢六角头螺栓掉头后的断口宏观形貌及晶粒度

镦制缺陷破坏了金属的连续性，成为应力集中源、裂纹源、疲劳源，显著降低紧固件的力学性能，尤其会大大降低紧固件对由疲劳、冲击或应力腐蚀引起的裂纹扩展的抗力，在一定载荷条件下易导致紧固件发生早期失效。同时原材料的固有缺陷多数情况下无法在后期制造过程中予以消除，常常也是导致紧固件在镦制过程中出现开裂的重要原因。因此，加强原材料检测力度尤其是无损检测力度是保证紧固件质量的重要措施。此外，保证锻制前坯料表面状态、控制热镦温度、在标准允许范围内在头杆结合处尽量取大的圆弧半径，都是防止螺栓掉头的有效措施。

4.4   案例分析

4.4.1   某地铁齿轮箱吊杆螺栓断裂分析

1. 案例简介

某地铁齿轮箱吊杆螺栓的材料为 42CrMo，强度等级为 10.9 级，装配在图 4-7 所示位置 1 处，起到对齿轮箱和电动机的固定作用。吊杆螺栓的制备工艺为：下料→感应加热、镦头→热处理→车加工→铣六角→磁粉检测→滚压螺纹→电镀彩锌，电镀工艺后包装入库。在进行装配作业施加扭矩过程中螺栓发生断裂，断口位于六角头和杆部过渡圆弧处。

2. 理化检验

（1）宏观形貌分析   图 4-8 所示为断裂吊杆螺栓的宏观形貌。与同批完好的

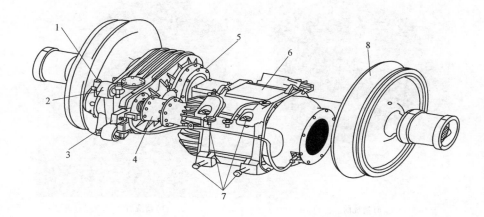

图 4-7　吊杆螺栓装配示意图

1—螺栓　2—齿轮箱吊杆　3—齿轮箱保险块　4—联轴器　5—齿轮箱
6—牵引电动机　7—紧固螺栓　8—轮对

吊杆螺栓对比不难发现，吊杆螺栓断裂位置位于头部和光杆部过渡圆弧处，断口超过 95% 的区域存在红褐色锈斑，如图 4-9 所示。断口经清洗后表面浮锈清除，断面呈现金属光泽，断口周围存在撕裂剪切唇痕迹，据此可以初步推测裂纹源位于螺栓次表面或心部位置。对螺栓断面进行扫描电子显微镜形貌检查，断口粗糙，未见疏松、夹渣等缺陷。

图 4-8　断裂吊杆螺栓的宏观形貌

（2）微观形貌分析　将吊杆螺栓断口试样放入扫描电子显微镜观察，断口绝大区域为沿晶断裂，其间存在明显的二次裂纹，晶粒大小为 $20 \sim 40 \mu m$，未发现过烧现象，如图 4-10 所示。

（3）化学成分分析　在断裂吊杆螺栓上取样进行化学成分检测，检测结果见表 4-1。其化学成分符合 GB/T 3077—2015 中关于 42CrMo 的技术要求。表 4-2

| a) 清洗前 | b) 清洗后 |

图 4-9 吊杆螺栓的断口宏观形貌

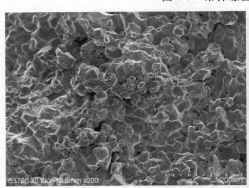

图 4-10 断口扩展区的微观形貌

是断裂吊杆螺栓中气体含量的测试结果，未见明显异常。图 4-11 所示为吊杆螺栓断口附近非金属夹杂物的微观形貌。根据 GB/T 10561—2005 评定其非金属夹杂物级别为 D1.0，材质洁净度较好。

表 4-1 断裂吊杆螺栓化学成分（质量分数）   （％）

类别	C	Si	Mn	P	S	Cr	Mo
试样	0.39	0.24	0.65	0.007	0.001	0.95	0.16
GB/T 3077—2015	0.38~0.45	0.17~0.37	0.50~0.80	≤0.030	≤0.030	0.90~1.20	0.15~0.25

表 4-2 断裂吊杆螺栓中气体含量（质量分数）的测试结果   （％）

取样位置	O	N	H/10^{-4}
断口附近	0.0016	0.0084	0.32
螺纹附近	0.0015	0.0085	0.23

（4）金相检查　为进一步探究吊杆螺栓断裂原因，沿图 4-9 虚线处线切割取样后将截面制成金相试样检查。图 4-12 所示为吊杆螺栓断口截面的微观形貌。断口截面呈沿晶分布，内部存在二次裂纹，局部二次裂纹较宽，内部未发现高温氧化填充物。近表面二次裂纹走向与断面约呈 45°，中间位置二次裂纹走向近似垂直，与吊杆螺栓镦头的流线方向分布一致，如图 4-13 所示。将金相试样经硝酸乙醇侵蚀后观察断口截面显微组织，断口截面未见明显氧化脱碳现象，组织为

图 4-11　非金属夹杂物的微观形貌 100×

回火索氏体。根据 GB/T 6394—2017 可以评定其奥氏体晶粒度约为 7.5 级，未见组织过烧特征，如图 4-14 所示。图 4-15 所示为吊杆螺栓心部的显微组织。该区

图 4-12　吊杆螺栓断口截面的微观形貌 8×

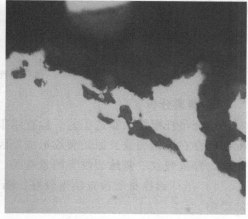

图 4-13　裂纹截面的微观形貌 100×

域组织为回火索氏体+少量贝氏体+少量铁素体，其奥氏体晶粒度约为 7.5 级。对该区域进行维氏硬度测试，其结果为：342HV0.3、350HV0.3、348HV0.3。

图 4-14　裂纹截面的显微组织 25×

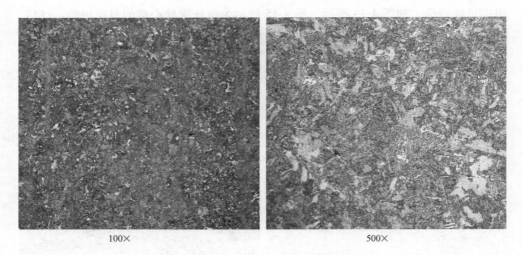

100×　　　　　　　　　　　　　　500×

图 4-15　吊杆螺栓心部的显微组织

3. 结果分析

结合吊杆螺栓的制造工艺、检查结果和现场情况，综合分析出吊杆螺栓在装配前已存在原始裂纹，原始裂纹形成原因可能与原材料夹渣、吊杆螺栓头部镦制裂纹、淬火裂纹、氢致裂纹等因素有关。

1）吊杆螺栓材质检查结果较好，断面未见夹渣，因此可以排除原材料夹渣的影响。

2）吊杆螺栓淬火裂纹一般形成于淬火冷却过程中，淬火冷却介质会进入裂纹内部，然后再经过后续的高温回火，该温度虽然不足以在裂纹两侧形成脱碳层，但会在裂纹两侧形成高温氧化填充物，而断口截面和二次裂纹内部未见明显高温氧化填充物，不符合淬火裂纹特征。此外，吊杆螺栓淬火裂纹一般表面处于开口状态，在后续电镀锌的过程中会有镀锌溶液渗入，但对螺栓断面进行能谱测试，未发现锌元素残留。综合以上特征，可以排除淬火裂纹的影响。

3）吊杆螺栓氢致裂纹形成原因一般为酸洗或电镀工艺不当，这会导致一定量的氢原子渗入基体，氢原子在拉应力驱动作用下向拉应力集中处或缺陷处聚集，并在聚集区域形成氢分子产生较大的应力，扩散一段时间后聚集处应力大于材料强度，从而导致断裂。因此，氢脆一般具有延迟性的特点，而且必须同时满足氢含量较高和拉应力这两个条件才可能发生。吊杆螺栓在刚施加扭矩时就发生了断裂，且断口表面大部分区域存在黄褐色锈蚀斑，可以排除在安装过程中发生氢脆的可能性。吊杆螺栓从出厂到安装前并不存在施加拉应力载荷的环节，且吊杆螺栓经高温回火其热处理应力已经释放，不具备正常吊杆螺栓（内部无异常缺陷）在放置过程中形成大面积氢脆断裂的应力条件。

4）吊杆螺栓镦头工艺为使用感应线圈将圆钢加热至 850℃±50℃ 后进行镦制。当螺栓头部镦制工艺不当时（如加热温度偏低，重复感应加热等），容易在头杆部过渡区附近出现镦制裂纹。裂纹呈横向分布，并呈沿晶扩展，一般位于螺栓中间位置。如果裂纹没有露出表面，在随后的热处理过程中氧气和淬火冷却介质无法进入裂纹内部，在裂纹两侧不会出现脱碳层和高温氧化覆盖物。螺栓断口截面未见脱碳层，且二次裂纹内部未见明显高温氧化覆盖物，另外二次裂纹走向和流线位置一致，符合镦制裂纹特征。

设计验证试验，将圆钢感应加热至 850℃ 后取出，延长在空气中停留时间后再进行镦制，将获得的镦制工件纵向解剖制成低倍试样。验证试验后的截面低倍形貌如图 4-16 所示。在头杆过渡圆弧处存在裂纹，裂纹分布和形态与断裂吊杆螺栓类似。

图 4-16　验证试验后的截面低倍形貌

4. 结论

1）吊杆螺栓在装配前已存在原始裂纹。

2）吊杆螺栓原始裂纹符合头部镦制裂纹特征，吊杆螺栓在镦头工艺中产生内部裂纹，并在后续电镀工艺中诱发开裂，导致内部裂纹和表面贯通。在随后运输和库房保存过程中，由于电镀过程中的酸液浸入裂纹内部，从而发生锈蚀。

3）内部裂纹降低吊杆螺栓有效承载面积，在装配过程中容易发生断裂。

4.4.2 吊杆螺栓光杆面裂纹分析

1. 概况

吊杆螺栓规格为 M22×140，材料为 42CrMo，在制造过程中发现光杆表面存在裂纹。吊杆螺栓的开裂位置如图 4-17 中箭头所指，表面裂纹细直，呈交叉分布。

图 4-17　吊杆螺栓的开裂位置

2. 理化检验

（1）低倍形貌分析　在吊杆螺栓裂纹附近取纵截面试样进行低倍检查，观察裂纹截面和头杆过渡区微观形貌，如图 4-18 所示。裂纹深约 7.8mm，尾部未见明显分叉现象。值得注意的是，在头杆过渡区存在蜿蜒曲折的锯齿状裂纹。

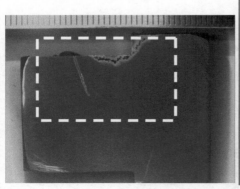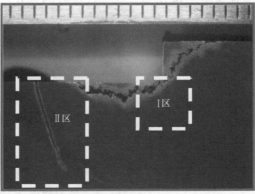

图 4-18　吊杆螺栓纵截面缺陷的宏观形貌

（2）金相检查 将吊杆螺栓纵截面进行金相检查。图4-19所示为吊杆螺栓过渡圆弧（Ⅰ区）截面的微观形貌。缺陷内部空洞，在光学显微镜下呈黑色，缺陷边缘存在灰色氧化皮。经硝酸乙醇溶液侵蚀后，吊杆螺栓过渡圆弧截面的显微组织如图4-20所示。缺陷附近存在轻微氧化脱碳现象，这可能与吊杆螺栓热加工时缺陷露头后与空气接触有关。图4-21所示为吊杆螺栓裂纹两侧的形貌及显微组织，图4-22所示为吊杆螺栓裂纹尾端的微观形貌。裂纹深约7.8mm，尾部呈沿晶扩展，裂纹两侧氧化脱碳层清晰可见，存在二次沿晶扩展裂纹，二次裂纹内部充满灰色氧化填充物。

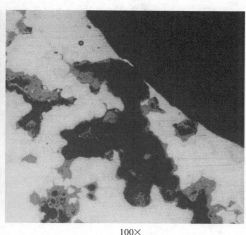

25×　　　　　　　　　　　　　　　　　　　100×

图4-19 吊杆螺栓过渡圆弧截面的微观形貌

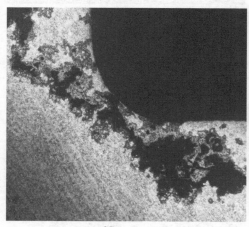
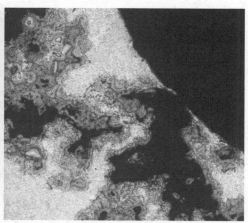

25×　　　　　　　　　　　　　　　　　　　100×

图4-20 吊杆螺栓过渡圆弧截面的显微组织

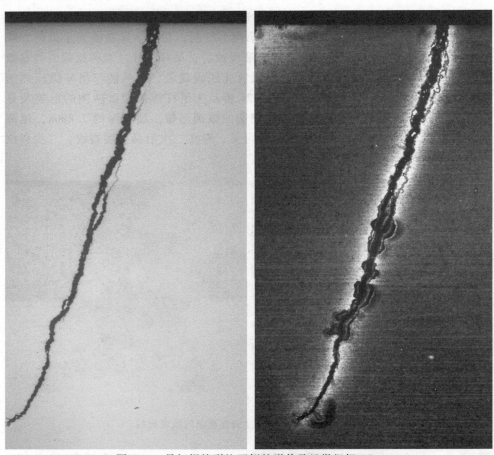

图 4-21　吊杆螺栓裂纹两侧的形貌及显微组织 15×

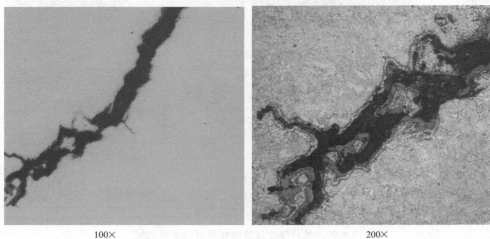

100×　　　　　　　　　　　　　200×

图 4-22　吊杆螺栓裂纹尾端的微观形貌

图 4-23 所示为吊杆螺栓裂纹附近非金属夹杂物的微观形貌及基体显微组织。根据 GB/T 10561—2005 可以评定其非金属夹杂物级别为：A0.5e，D0.5，材料洁净度较好。吊杆螺栓基体组织为回火索氏体，属于 42CrMo 经调质处理后的正常组织。

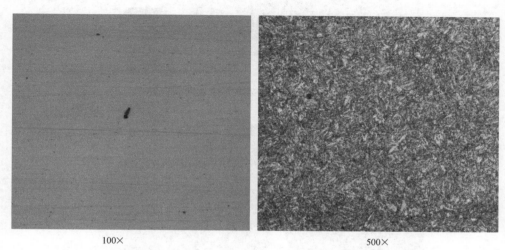

100×　　　　　　　　　500×

图 4-23　吊杆螺栓裂纹附近非金属夹杂物的微观形貌及基体显微组织

3. 分析意见

吊杆螺栓开裂的主要原因与吊杆螺栓内部存在大尺寸原材料缺陷有关，在热镦应力作用下于缺陷处发生开裂，后续热处理过程中在组织应力和热应力综合作用下裂纹得到扩展。

4.4.3　柴油机缸盖螺栓断裂分析

1. 概况

柴油机缸盖螺栓材料为 40CrNiMo，用于连接气缸盖与机体，是柴油机中要求最高的螺栓之一。安装时该螺栓要承受较大的预紧力，发动机运转过程中要承受复杂的交变载荷。螺栓在服役约 2 年后发生断裂。

2. 理化检验

（1）宏观形貌分析　断裂螺栓的宏观形貌及断裂位置如图 4-24 所示。断裂位置位于螺栓头部和光杆部过渡圆弧处。螺栓断口的宏观形貌如图 4-25 所示。断口经清洗后不难发现断面下方颜色较深，见虚线框处，根据断面纹理可以推测裂纹源位于该区域。断口周围未见明显塑性变形，具有脆性断裂特征。

（2）微观形貌分析　将断口放入扫描电子显微镜观察其微观形貌。图 4-26 所示为裂纹源处的微观形貌，裂纹源区微观形貌以沿晶开裂为主，局部存在二次

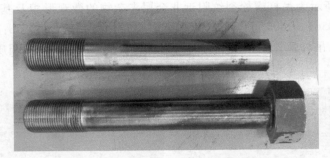

图 4-24 断裂螺栓的宏观形貌及断裂位置

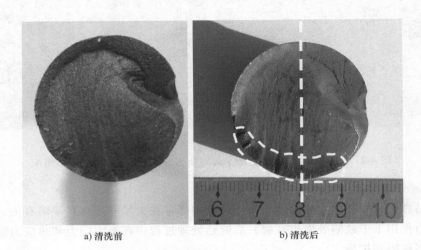

a) 清洗前   b) 清洗后

图 4-25 螺栓断口的宏观形貌

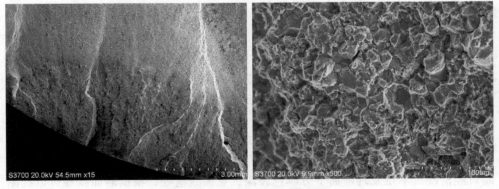

图 4-26 裂纹源处的微观形貌

裂纹。图 4-27 所示为扩展区的微观形貌，该区域为沿晶断裂+少量韧窝。图 4-28 所示为最终断裂区的微观形貌，该区域以韧窝为主。对裂纹源区和最终断裂区进行能谱测试对比，发现裂纹源区氧含量较高，这表明裂纹源区存在氧化物覆盖层。

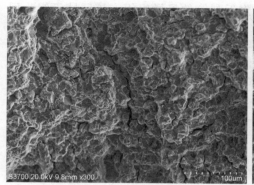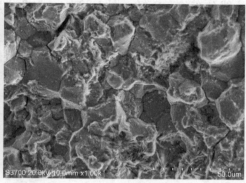

图 4-27　扩展区的微观形貌

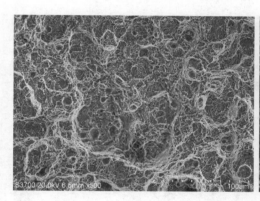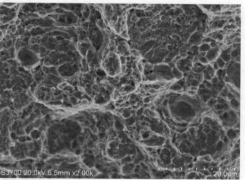

图 4-28　螺栓最终断裂区的微观形貌

（3）化学成分分析　在螺栓上取样进行化学成分检测，检测结果见表 4-3。其化学成分符合 GB/T 3077—2015 中关于 40CrNiMo 的技术要求。

表 4-3　螺栓的化学成分（质量分数）　　　　　　　　（%）

类别	C	Si	Mn	P	S	Cr	Ni	Mo
螺栓	0.40	0.26	0.69	0.013	0.004	0.90	1.64	0.15
GB/T 3077—2015	0.37~0.44	0.17~0.37	0.50~0.80	≤0.030	≤0.030	0.60~0.90	1.25~1.65	0.15~0.25

（4）金相检查　沿图 4-25 虚线处取样进行金相检查。图 4-29 所示为断口截面的微观形貌。裂纹呈沿晶扩展，裂纹源处存在灰色氧化物覆盖层，局部存在沿晶分布的二次裂纹。值得注意的是，断面下方还存在多条平行分布的裂纹（图 4-29 中箭头所指处），裂纹呈沿晶分布，内部充满氧化填充物，如图 4-30 所示。

图 4-31 所示为经硝酸乙醇溶液侵蚀后的断口截面显微组织。断口附近流线呈弧形分布，与过渡圆弧处相互垂直，可以减轻过渡圆弧处的应力集中现象，因此其流线分布状态较好。图 4-32 所示为断口附近裂纹的显微组织。该区域组织为回火索氏体，存在轻微氧化脱碳现象。

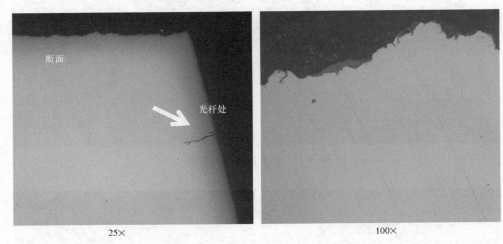

图 4-29　断口截面的微观形貌

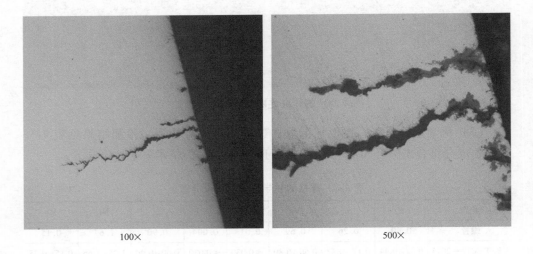

图 4-30　断口附近裂纹的微观形貌

图 4-33 所示为螺栓基体的显微组织。该区域组织为回火索氏体，根据 GB/T 6394—2017 可以评定其奥氏体晶粒度级别约为 8.5 级。对该区域进行维氏硬度测试，其硬度测试结果为：386HV1.0、389HV1.0、391HV1.0。

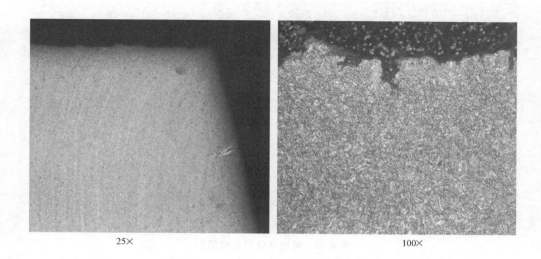

25×　　　　　　　　　　　　100×

图 4-31　断口截面的显微组织

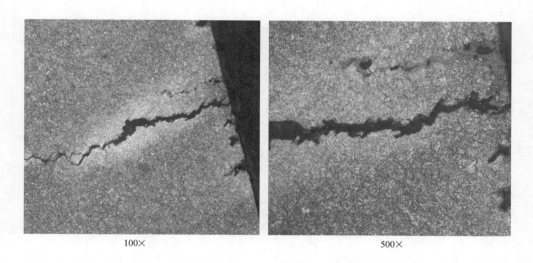

100×　　　　　　　　　　　　500×

图 4-32　断口附近裂纹的显微组织

3. 分析意见

柴油机缸盖螺栓头杆部结合过渡区及其附近存在周向工艺性裂纹，裂纹是在镦制工艺中形成的。裂纹的存在不仅减小了螺栓有效承载面积，还增加了该区域的应力集中现象，在服役应力作用下容易在头杆部过渡圆弧处发生断裂。

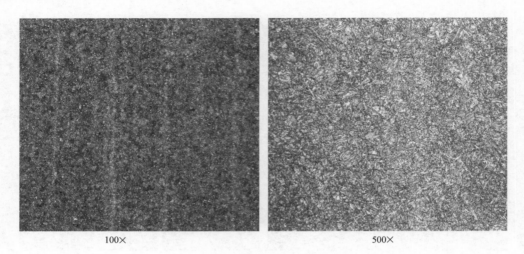

100×   500×

图 4-33　螺栓基体的显微组织

第 5 章

热处理缺陷造成的失效案例

5.1 紧固件热处理的种类和目的

热处理工艺是使材料获得预期的显微组织和性能的重要手段。紧固件中的螺栓、螺母以及铆钉等，为了改善性能，提高强度，一般需要进行适当的热处理。根据目的不同，热处理操作可安排在生产过程的不同阶段，如盘条冷拔工艺之间，为了消除加工硬化的影响，一般要经再结晶退火和球化退火；力学性能高于8.8级的螺栓一般都要经过调质处理，才能达到力学性能规定中的各项要求。热处理工艺无论对改善材料工艺性能，使各种加工得以顺利进行，还是对赋予材料预期性能，充分发挥材料性能潜力都是必要的工艺手段，在紧固件制造过程中占有很重要的地位。但另一方面，如果热处理工艺不当，将造成缺陷，导致废品，或不能得到预期的组织和性能，影响零件的进一步加工或材料性能的发挥，导致早期失效。所谓热处理不当包括热处理技术条件设计不当、工艺规程的制订和工艺方法的选择不当及工艺操作不当等。形成的热处理缺陷有：淬火开裂、脱碳与增碳、硬度不均匀等，这些均可能是导致紧固件在使用过程中失效的重要因素。

5.2 淬火开裂

紧固件淬火开裂一般为开口性裂纹，宏观检查时比较明显，一般在机械制造厂就已经将其报废，但有时候也由于某些原因弄得模糊不清而混入出厂产品中。金属材料在淬火过程中，由于温度和组织的变化引起体积的改变，会同时形成较大的热应力和组织应力，当淬火应力在工件内超过材料的强度极限时，在应力集中处将导致开裂。根据形态不同，可以将淬火裂纹分为以下三类：

（1）淬火龟裂 表面脱碳的高碳钢零件，在淬火时因表层金属的比体积比中心小，在拉应力作用下将产生龟裂。裂纹为沿晶扩展，一般较浅。

（2）淬火直裂 细长零件在完全淬透情况下，由于组织应力作用而产生纵向直线淬火裂纹。裂纹深而长，尾端尖细。

（3）其他裂纹 金属零件的键槽、过渡圆弧等处因冷却速度较小，产生局部未淬透或软点，导致附近组织过渡区或偏析区在拉应力作用下开裂。裂纹一般呈弧形，常发生在应力集中或组织过渡处。

螺栓、螺钉一般形状为长杆状，淬火开裂一般呈纵向开裂。某石油钻探井套管头紧定螺钉经磁粉检测发现纵向直线磁痕，垂直裂纹切割观察横截面形貌，裂纹已经扩至大半个截面，裂纹尾端呈沿晶扩展，未见分叉，内部充满灰色氧化填充物，属于典型的淬火裂纹，如图5-1所示。淬火冷却过程中奥氏体转变为马氏体时，由于两者的比体积差会产生内应力。钢件淬火时表层冷却比内部快，比体积较大的马氏体首先在表层形成。在继续冷却过程中内部奥氏体逐步进行转变，体积膨胀，从而使表层硬而脆的马氏体受到拉应力，导致开裂。同时淬火冷却介质进入裂纹内部，在随后高温回火过程中淬火冷却介质和基体形成灰色氧化填充物。

a) 紧定螺钉磁粉检测状态下形貌   b) 裂纹尾端截面微观形貌

图 5-1 套管头紧定螺钉的淬火开裂形貌

紧固件淬火开裂的敏感性主要由淬火时产生的内应力水平和材料强度共同决定，内应力的大小和分布与材料的淬透性、导热性、组织均匀性和零件的几何形状有关，而材料的强度则与其晶粒度、组织结构有关。因此影响淬火开裂的原因可以概括为以下三个方面的因素：

（1）化学成分 化学成分是决定材料的淬透性、导热性和力学性能的主要因素，其中碳含量对钢材力学性能影响最大，碳含量越高，晶格畸变越大，强度水平越高，越容易淬火开裂。碳含量、Ms 点与淬火开裂的关系（水中淬火）如图 5-2 所示。淬火开裂均发生在 $w(C)$ 大于 0.4% 时。因此为了防止淬火开裂，在满足使用要求下，应尽可能采用 $w(C)$ 小于 0.4% 的材料。此外，大多数合金元素一方面可以增加过冷奥氏体的稳定性，提高淬透性，增加淬火组织中的残留奥氏体，减小组织应力，降低淬火开裂倾向，但另一方面，会导致 Ms 点降低且导热性能降低，使得淬火开裂倾向增加。

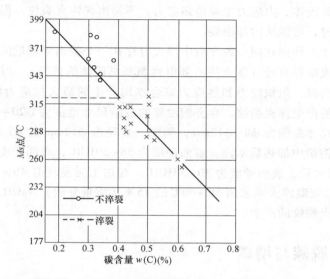

图 5-2　碳含量、Ms 点与淬火开裂的关系（水中淬火）

（2）原材料缺陷和淬火前原始组织　原材料中的发纹、拉拔折叠和非金属夹杂等缺陷不但割裂基体，降低材料强度，而且在淬火过程中可作为应力集中处，导致淬火开裂。此外，淬火前的原始组织，如 35 钢六角头螺栓有严重的带状组织（见图 5-3），在进行水淬后出现纵向裂纹。原因是带状组织中各区域成分偏析严重，各区域 Ms 点不一致，导致淬火过程中各区域应力分布差异较大。

（3）零件几何形状和尺寸　零件表面的缺口、尖角、沟槽等部位都会在淬火后造成很大的应力集中，是发生淬火开裂的危险部位。此外，零件

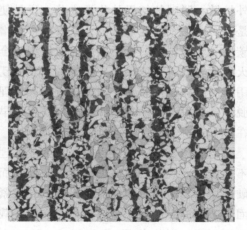

图 5-3　带状组织 100×

各区域形状差异还会导致冷却速度不均匀，所产生的热应力和组织应力对钢的开裂也有很大的影响。

同时，零件直径也是影响淬火开裂敏感性的重要因素，一般较细或较粗的零件不易淬火开裂。细工件淬火硬化到心部，内外马氏体几乎同时转变，组织应力和热应力均较小，因此不易淬火开裂。截面尺寸过大的工件，特别是用淬透性较低的钢制造时，淬火时不仅心部不能硬化，甚至连表层也得不到马氏体，而是贝氏体或索氏体，内应力主要是热应力，不易出现淬火裂纹。但大型钢坯材质有冶金缺陷时，可能从内部横裂。

对于一种钢在同一种介质中淬火时存在一个截面淬透危险尺寸，危险尺寸正好是淬火临界直径（淬火后心部得到50%马氏体的直径）。当零件尺寸在危险尺寸范围内时，组织应力和热应力综合作用产生的最大拉应力将处于零件表面附近，容易产生淬火裂纹。合金钢油淬的危险尺寸范围为 $\phi 20 \sim \phi 25mm$，碳钢水淬的危险尺寸范围为 $\phi 8 \sim \phi 12mm$。例如，直径为 $\phi 12mm$ 的45钢销轴，在840℃±10℃盐浴炉中加热后水淬，表面硬度为 $58 \sim 59HRC$，心部硬度为 $55 \sim 57HRC$，经500℃回火后，表面硬度为 $30 \sim 33HRC$，在加工时发现有46%的毛坯轴开裂。改用800℃亚温淬火或采用 $50 \sim 60$℃的15%（质量分数）NaOH水溶液淬火后，消除了淬火裂纹的产生。

5.3 脱碳与增碳

脱碳是钢材在加热过程中表层的碳与介质中的 O_2、CO_2、H_2O 等发生反应，引起表面碳含量减少或完全失去的现象。这一过程中氧向钢内扩散，而钢中碳向外扩散。脱碳的结果从化学成分上说是使得表面碳含量降低。反映在组织上，则是组织中渗碳体含量减少，铁素体含量增多。根据组织不同可以将脱碳分为全脱碳层和半脱碳层，全脱碳层显微组织为全部铁素体。脱碳层的存在会降低钢的淬火硬度和疲劳强度，是导致螺栓早期疲劳断裂的重要因素。例如：35CrMo汽车用紧固螺栓在网带炉中加热进行淬火处理时保护气氛通入量不够，造成表面严重脱碳，服役不到一年从螺纹根部发生了早期疲劳断裂。经金相检查，螺纹根部存在 $50\mu m$ 的全脱碳层，如图5-4a所示。

增碳主要是因为在可控气氛的热处理炉中加热时，炉内保护气体的碳势控制不当或对已脱碳的表面进行复碳时使表面碳含量过高。过高的碳含量将会使表面硬度增加，塑性、韧性显著降低，导致紧固件表面力学性能与内部不一致，使表面与心部的界面处产生内应力，在交变载荷或应力作用下，致使裂纹扩展，疲劳强度下降。因此在GB/T 3098.1—2010中使用显微硬度法进行增碳试验，螺纹表面硬度值不应比心部硬度高出30HV0.3。例如：35CrMo双头螺栓调质过程中热

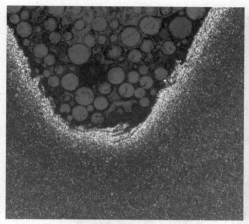
a) 螺纹根部脱碳形貌

b) 螺纹根部增碳形貌

图 5-4　螺纹根部脱碳、增碳形貌 100 ×

处理炉内部碳势过高，导致螺纹根部存在增碳层，在进行装配时发现约 5% 的螺栓在螺纹根部发生断裂。经金相检查，其表面存在一层容易腐蚀的黑色区域，如图 5-4b 所示。该区域经维氏硬度测试，结果为 412HV0.3，而螺栓心部硬度仅为 302HV0.3。

5.4　案例分析

5.4.1　风电齿轮箱紧固用双头螺柱断裂分析

1. 概况

风电齿轮箱紧固用双头螺柱的材料为 42CrMo，强度级别为 10.9 级。在装配过程中双头螺柱发生断裂，装配扭矩为 2000N·m。

2. 理化检验

（1）宏观形貌分析　双头螺柱断口的宏观形貌如图 5-5 所示。断裂位置位于螺纹根部，断口较灰暗，呈纤维状，未见夹渣、疏松等原材料缺陷，具有扭转断裂特征。

（2）化学成分分析　在断裂双头螺柱上取样进行化学成分检测，检测结果见表 5-1。其化学成分符合 GB/T 3077—2015 中关于 42CrMo 的技术要求。

（3）微观形貌分析　将双头螺柱断口放入扫描电子显微镜观察，裂纹源位于螺纹底部，断面绝大部分微观形貌为剪切韧窝，如图 5-6 所示。

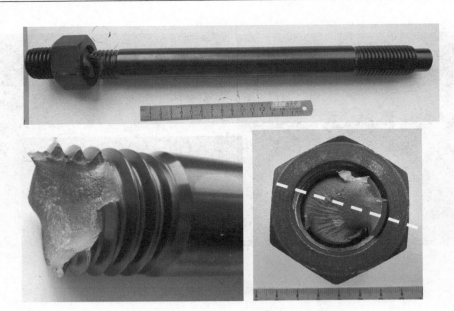

图 5-5　双头螺柱断口的宏观形貌

表 5-1　双头螺柱化学成分（质量分数）　　　　　　　　　（%）

类别	C	Si	Mn	P	S	Cr	Mo
试样	0.42	0.24	0.70	0.016	0.001	1.07	0.17
GB/T 3077—2015	0.38~0.45	0.17~0.37	0.50~0.80	≤0.030	≤0.030	0.90~1.20	0.15~0.25

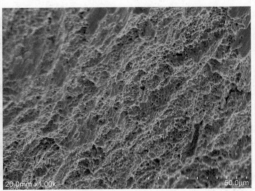

图 5-6　双头螺柱断口的扫描电子显微镜形貌

　　（4）非金属夹杂物检查　沿图 5-5 中虚线线切割取样，观察断口截面的显微组织。图 5-7 所示为裂纹源附近非金属夹杂物的微观形貌。根据 GB/T 10561—

2005 可以评定非金属夹杂物级别为：A1.0、D0.5、DS1.5。

图 5-7　裂纹源附近非金属夹杂物的微观形貌 100×

（5）金相检查　图 5-8 所示为双头螺柱裂纹源截面的微观形貌和显微组织，裂纹源附近未见明显的原始裂纹和异常夹杂。该区域组织为贝氏体+屈氏体+少量铁素体，未见明显氧化脱碳现象。裂纹源附近存在挤压流线，未见明显氧化折叠缺陷，螺纹截面也未见明显增碳、脱碳现象，沿螺纹轮廓分布形变流线，如图 5-9 所示。这表明双头螺柱制备工艺为滚压螺纹。双头螺柱纵截面的基体显微组织如图 5-10 所示。

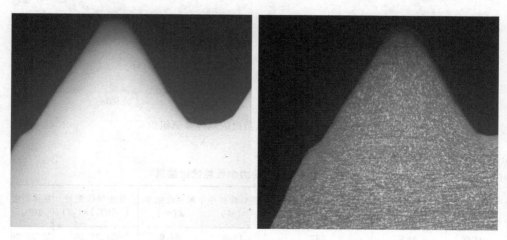

图 5-8　双头螺柱螺纹裂纹源截面的微观形貌和显微组织 25×

（6）力学性能试验　在断裂双头螺柱上取样进行拉伸性能、-20℃冲击性能、基体洛氏硬度试验，试验结果见表 5-2。由表 5-2 可看出，其强度指标、冲

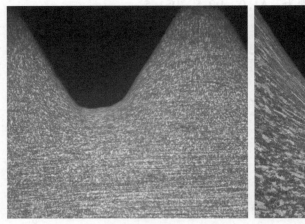
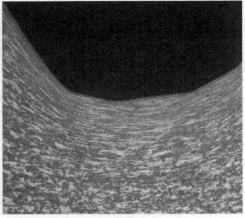

25×　　　　　　　　　　　　　　　　100×

图 5-9　双头螺柱螺纹根部截面的显微组织

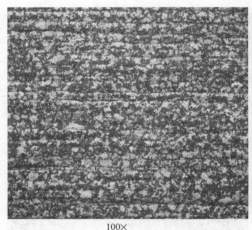

100×　　　　　　　　　　　　　　　　500×

图 5-10　双头螺柱纵截面的基体显微组织

击吸收能量和硬度均低于技术要求。

表 5-2　双头螺柱的力学性能试验结果

类别	抗拉强度 R_m/MPa	规定塑性延伸强度 $R_{p0.2}$/MPa	断后伸长率 A(%)	断面收缩率 Z(%)	冲击吸收能量 ($-20℃$)KV_2/J	基体硬度 HRC
试样	865	687	13.0	51.0	21、21、20	25、26、26
技术要求	≥1040	≥940	≥9	≥48	≥27	30~38

3. 分析与讨论

双头螺栓在装配过程中要承受拉应力、扭转应力和剪切应力的作用。断裂双头螺柱宏观形貌有明显的缩颈、伸长塑性变形。断口微观形貌为剪切韧窝，断口具有过载断口特征，这表明双头螺柱不能承受安装应力的作用。

该双头螺柱强度、硬度低于技术要求，在安装应力还没有达到标准规定的应力时，双头螺柱发生断裂。因此双头螺柱的断裂与安装应力无关，而与双头螺柱的组织和强度有关。

断裂双头螺柱显微组织为贝氏体+屈氏体+少量铁素体，与 42CrMo 调质组织回火索氏体不同。断裂双头螺柱显微组织和硬度均与原材料热轧态接近，如图 5-11 所示。因此可以推断，该批次双头螺柱中存在部分双头螺柱未进行调质处理。

对同批次其他双头螺柱进行表面硬度测试，筛选出硬度值较低的双头螺柱进行金相检查，检查结果见表 5-3。现场测试硬度值和显微组织具有一定对应关系，因此可以使用现场硬度测试的方法区分螺柱是否进行调质处理。

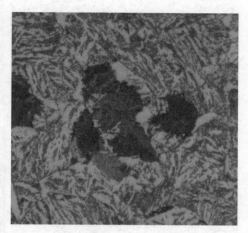

图 5-11　原材料热轧态基体显微组织　500×

表 5-3　双头螺样金相检查结果

试样编号	现场测试硬度值 HRC	显微组织
1#	19、19、19	贝氏体+少量屈氏体(见图 5-12a)
2#	22、23、23	贝氏体+少量屈氏体(见图 5-12b)
3#	24.5、24.5、24	贝氏体+屈氏体(见图 5-12c)
4#	28、28、27.5	屈氏体+贝氏体(见图 5-12d)
5#	32.5、32、33	回火索氏体+少量贝氏体(见图 5-12e)
6#	33、33、33.5	回火索氏体(见图 5-12f)

4. 结论

该批次双头螺柱中存在部分未进行调质处理的现象，显微组织存在大量屈氏体和贝氏体，强度和硬度达不到技术要求，不能承受安装应力的作用。在安装应力还没达到技术要求时，双头螺柱就会发生扭转过载断裂，可使用现场硬度测试的方法区分双头螺柱是否进行了调质处理。

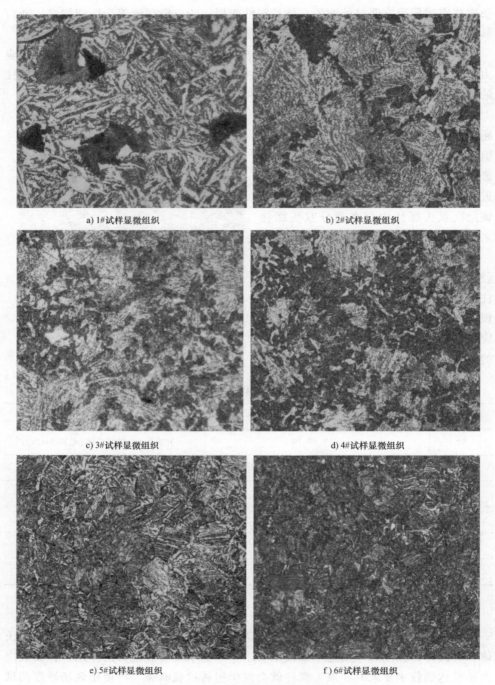

a) 1#试样显微组织

b) 2#试样显微组织

c) 3#试样显微组织

d) 4#试样显微组织

e) 5#试样显微组织

f) 6#试样显微组织

图 5-12　双头螺柱横截面的显微组织 500×

5.4.2　六角头螺栓断裂分析

1. 概况

六角头螺栓的材料为 35CrMo，其制造工艺为：原材料→锻造→正火处理→机加工→滚压成形→调质处理→表面镀锌。该六角头螺栓在安装过程中发生断裂。

2. 理化检验

（1）形貌分析　六角头螺栓于螺纹处发生断裂，断口存在明显的分界现象，如图 5-13 所示。根据颜色不同，将断面分为 A、B 两个区域。其中 A 区域呈黑色月牙形形貌，该区域疑似在安装拧断前就已存在。为确定黑色区域是否为安装前就已存在的旧裂纹，特将断口清洗后放入扫描电子显微镜观察其形貌，黑色区域断口的扫描电子显微镜形貌如图 5-14 所示。黑色区域断口表面存在一氧化膜，对该区域进行能谱测试，如图 5-15 所示。该区域除基体氧化物元素外还存在大量 Zn、P 元素。

图 5-13　六角头螺栓的断口形貌

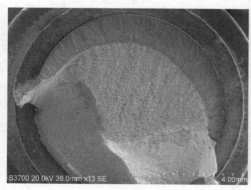

a) 整个断口

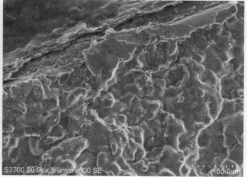

b) A 区域断口

图 5-14　断口的扫描电子显微镜形貌

元素	质量分数(%)	摩尔分数(%)
O	42.71	72.84
P	4.08	3.59
Ca	0.49	0.33
Cr	10.74	5.64
Fe	0.98	0.48
Zn	41.01	17.12

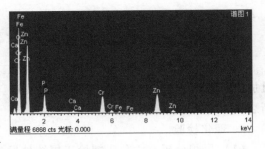

图 5-15　A 区域断口的能谱测试结果

（2）金相检查　在断裂的六角头螺栓上取样进行金相检查。断口附近的非金属夹杂物级别为：A0.5、D1，材料洁净度较好，如图 5-16a 所示。基体组织为回火索氏体，如图 5-16b 所示。

a) 非金属夹杂物 100×　　　　　　　　　　　b) 基体组织 500×

图 5-16　断裂六角头螺栓的显微组织

3. 分析

六角头螺栓断面根据颜色差异可以明显分为两个区域，其中黑色月牙形区域氧化腐蚀严重，另一个区域为新鲜断口。黑色氧化严重区域除基体氧化元素外，还存在电镀锌过程中渗入的 Zn、P 等元素。这说明该区域裂纹在电镀之前已经存在，电镀过程中从裂纹处渗入 Zn、P 等元素，随后清洗过程中不能清洗干净，残留在裂纹内部。

六角头螺栓断裂位置位于螺纹根部。其制备工艺为先滚压后调质处理。热处理过程中该区域应力集中明显，特别在淬火冷却过程中容易发生淬火开裂，在随后高温回火过程中裂纹被氧化，电镀过程中渗入 Zn、P 元素。

螺纹根部在安装之前存在淬火裂纹，这是导致安装过程中开裂的直接原因。建议严格按照热处理工艺操作，并增加目视检测和磁粉检测环节。

5.4.3　双头螺柱断裂分析

1. 概况

断裂双头螺柱的材料为 40Cr，强度级别为 9.8 级。在装配过程中有一定比例的双头螺柱会发生断裂。

2. 理化检验

（1）宏观形貌分析　图 5-17 所示三根双头螺柱中有两根发生断裂，断裂位置均位于双头螺柱第一啮合处，装配过程中该处承受拉应力最大，另外一根双头螺柱未见断裂。为方便描述，将双头螺柱依次编号为 1~3#。图 5-18 所示为 1# 和 2# 双头螺柱断口的宏观形貌。断口较灰暗，呈纤维状，未见夹渣、疏松等原材料缺陷，均具有扭转断裂特征。

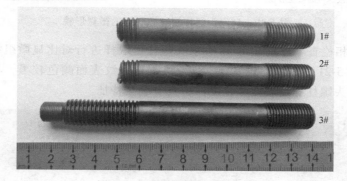

图 5-17　双头螺柱的宏观形貌

图 5-18　1#、2# 双头螺柱断口的宏观形貌

（2）微观形貌分析　将1#双头螺柱断口清洗后放入扫描电子显微镜观察其微观形貌，如图5-19所示。裂纹源位于螺纹底部，疲劳源附近未见明显氧化、夹渣等材料缺陷，微观形貌以撕裂韧窝为主，其韧窝具有明显的方向性。

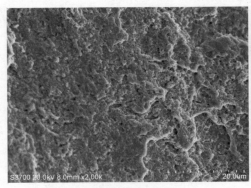

a) 裂纹源区的微观形貌　　　　　　　　　b) 瞬断区的微观形貌

图 5-19　1#双头螺柱裂纹源附近的微观形貌

（3）金相检查　分别在1#和3#双头螺柱上取样进行对比显微组织分析，如图5-20和图5-21所示。不难发现，1#双头螺柱螺纹表面颜色较黑，具有增碳特征；而3#双头螺柱螺纹表面颜色发白，具有脱碳特征。

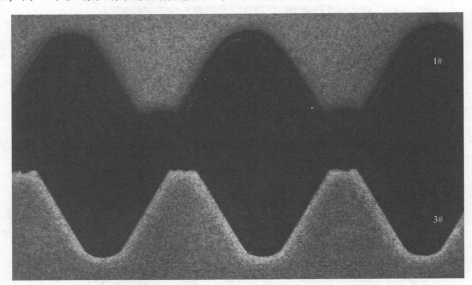

图 5-20　1#和 3#双头螺柱纵截面的显微组织 25×

图 5-22 所示为 1#和 3#双头螺柱基体的显微组织。1#双头螺柱的基体组织为回火索氏体+贝氏体，3#双头螺柱的基体组织为回火索氏体。

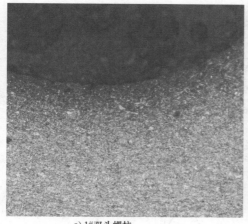
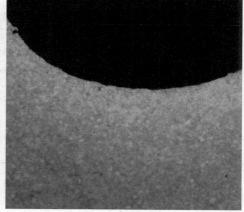

a) 1#双头螺柱   b) 3#双头螺柱

图 5-21   1#和 3#双头螺柱螺纹根部的显微组织 200×

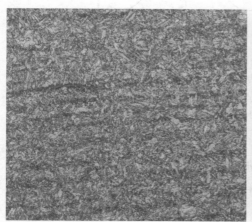
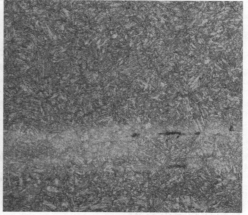

a) 1#双头螺柱   b) 3#双头螺柱

图 5-22   1#和 3#双头螺柱基体的显微组织 500×

（4）硬度试验   分别在 1#、3#双头螺柱的心部和螺纹处进行硬度测试，其测试结果见表 5-4。心部硬度均符合 GB/T 3098.1—2010 中关于 9.8 级双头螺柱的硬度要求，但两根双头螺柱心部硬度相差较大，1#双头螺柱心部硬度为标准下限。

1#双头螺柱的螺纹表面硬度（图 5-23 中第 3 测试点处）明显高于第 1 测试点和第 2 测试点处硬度，这进一步说明该双头螺柱表面存在增碳现象。而 3#双头螺柱的螺纹表面硬度低于第 1 测试点和第 2 测试点处硬度，这是因为该双头螺柱表面存在脱碳层。

表 5-4　双头螺柱各区域硬度的测试结果

类别	双头螺柱心部硬度 HV1.0	螺纹处硬度（测试位置见图 5-23）HV0.3		
		第 1 测试点	第 2 测试点	第 3 测试点
1#试样	306、297、302	294、294、296	287、290、290	412、422、416
3#试样	349、349、351	360、362、360	339、342、345	310、312、308
GB/T 3098.1—2010	290～360	第 2 测试点的维氏硬度值应等于或大于第 1 测试点维氏硬度值减去 30HV0.3，第 3 测试点的维氏硬度值应等于或小于第 1 测试点维氏硬度值加上 30HV0.3		

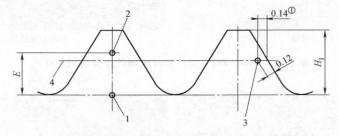

图 5-23　螺纹处维氏硬度测试位置示意图

注：E 为螺纹未脱碳层的高度（mm）；H_1 为最大实体条件下外螺纹的牙型高度（mm）；

1、2、3 为测量点；4 为螺距线。

①给出 0.14mm 值仅表明在螺距线上该点的位置。

3. 分析与讨论

双头螺柱断裂位置均位于第一啮合处螺纹底部，装配过程中该处承受拉应力最大，断面未见夹渣、疏松等原材料缺陷，均具有扭转断裂特征。经金相和硬度检查，断裂双头螺柱表面存在增碳现象，这与该批双头螺柱在热处理过程中炉内气氛控制不当有关。

断裂双头螺柱心部硬度处于标准要求下限，明显低于未断裂双头螺柱，这说明其强度较低。此外表面增碳层硬度较高，脆性较大，在装配过程难以抵抗塑性变形而发生断裂。

4. 结论

双头螺柱断口属于装配过程中的扭转断裂，装配时发生断裂的原因如下：

1）断裂双头螺柱表面存在增碳层，该增碳层在增加表面硬度的同时也会增加该处的脆性，在装配时的扭转应力作用下容易萌生裂纹后迅速扩展进而导致断裂。

2）断裂双头螺柱基体硬度较低，处于标准下限边缘，根据合金钢的强度和硬度关系可以推测其强度偏低，在较大的装配应力作用下容易形成过载断裂。

5.4.4　列车制动盘弹性销开裂分析

1. 概况

可靠、有效的制动是铁路安全运输的一个重要前提。盘形制动由于具有较高的制动率，是列车基础制动的一个重要方式。制动盘与盘毂采用横穿弹性销、螺栓连接方式。制动时作用于盘体两侧的制动力矩通过周向均布的弹性销来传递，使得螺栓不受制动剪切力的作用，这大大增强了制动盘在高速运行中的连接可靠性。

该案例中弹性销材质为 65Mn，其热处理工艺为淬火+360~400℃回火。在装配时发现部分弹性销发生纵向开裂。

2. 理化检验

（1）宏观形貌分析　图 5-24 所示为开裂弹性销及断口形貌。裂纹呈纵向开裂，断面未见明显旧裂纹，断口四周未见明显塑性变形痕迹，具有一次性脆性断裂特征。

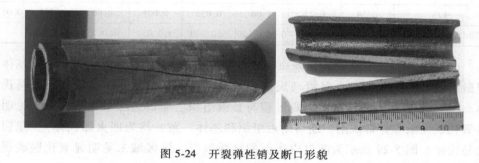

图 5-24　开裂弹性销及断口形貌

（2）微观形貌分析　将弹性销断口放入扫描电子显微镜观察，如图 5-25 和图 5-26 所示，根据断口形貌特征可以推测裂纹源位于弹性销内表面。断口各区域微观形貌均为沿晶断口，这表明其材料脆性很大。

（3）化学成分分析　在弹性销上取样进行化学成分测试，测试结果见表 5-5。由表 5-5 可看出，弹性销材料中磷含量超过标准上限，其他元素含量符合 GB/T 1222—2016 中关于 65Mn 的技术要求。

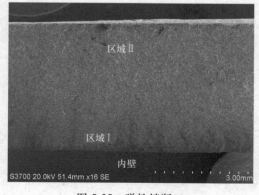

图 5-25　弹性销断口

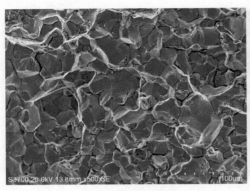

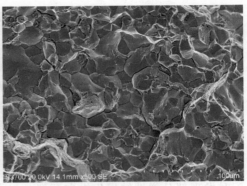

a) 断口Ⅰ区微观形貌　　　　　　　　　　　　　　b) 断口Ⅱ区微观形貌

图 5-26　断口各区域的扫描电子显微镜微观形貌

表 5-5　弹性销化学成分（质量分数）　　　　　　　　（%）

类别	C	Si	Mn	P	S	Cr	Ni	Al
试样	0.70	0.27	1.00	0.033	0.005	0.06	0.02	0.01
GB/T 1222—2016	0.62~0.70	0.17~0.37	0.90~1.20	≤0.030	≤0.030	≤0.25	≤0.35	—

（4）金相检查　在弹性销断口附近取样进行金相检查。图 5-27 所示为基体显微组织。该区域组织为保留马氏体位相的回火屈氏体+少量浅黄色回火马氏体。图 5-28 所示为断口截面微观形貌与显微组织。断口边缘呈锯齿状，未见明显氧化、夹杂等异常缺陷，断口附近组织和基体一致，均为回火屈氏体+少量回火马氏体。图 5-29 所示为断口内表面的显微组织。该区域未见明显氧化脱碳现象，组织与基体一致。

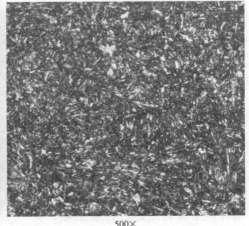

100×　　　　　　　　　　　　　　　　　　　500×

图 5-27　基体显微组织

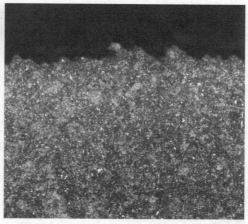

a) 微观形貌　　　　　　　　　　　　　　　　b) 显微组织

图 5-28　断口截面微观形貌与显微组织 100×

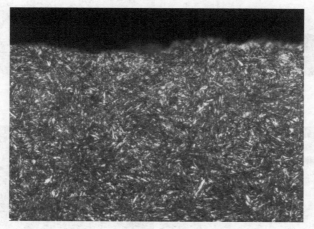

图 5-29　断口内表面的显微组织 500×

（5）模拟验证试验　为进一步分析弹性销开裂原因，使用线切割在开裂弹性销上取样进行回火试验，试样尺寸为 50mm×10mm，分别进行不同温度的回火试验后经人工敲断，观察其断口形貌、显微组织。弹性销的回火试验结果见表 5-6。

表 5-6　弹性销的回火试验结果

编号	回火温度/℃	断口形貌	基体组织	硬度 HRC
1#	原始态	沿晶断口+极少量韧窝 （见图 5-30）	回火屈氏体+少量回火马氏体 （见图 5-34）	49.0、48.5、49.0
2#	400	沿晶断口+韧窝 （见图 5-31）	回火屈氏体 （见图 5-34）	45.0、44.5、45.0

（续）

编号	回火温度/℃	断口形貌	基体组织	硬度 HRC
3#	480	韧窝+少量沿晶断口 （见图 5-32）	回火屈氏体 （见图 5-34）	40.0、40.5、40.5
4#	540	韧窝 （见图 5-33）	回火屈氏体 （见图 5-34）	34.5、35.0、34.5

由表 5-6 可以看出，随着回火温度的升高，试样基体硬度逐步降低，断口微观形貌中韧窝数据逐步增加，这能进一步反映材料韧性有所提高。

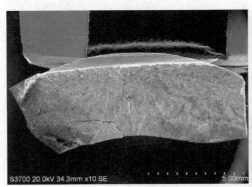 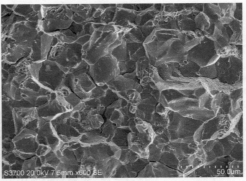

图 5-30　1#试样断口的扫描电子显微镜形貌

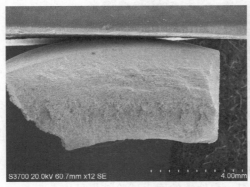 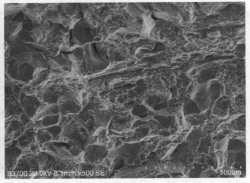

图 5-31　2#试样断口的扫描电子显微镜形貌

3. 分析与讨论

开裂弹性销的断口存在明显的沿晶断裂，这说明材料脆性较大。对材料重复进行回火试验，发现随着回火温度的升高，硬度逐渐下降，人工断口微观形貌中塑性韧窝占比增加，这说明材料韧性会大幅提升。根据硬度可以推算弹性销原回火温度约在 360℃，通过人工折弯试验发现断口为沿晶断口，脆性极大。

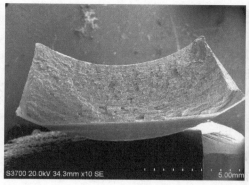
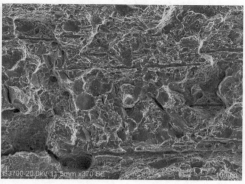

图 5-32　3#试样断口的扫描电子显微镜形貌

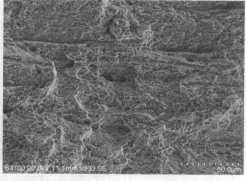

图 5-33　4#试样断口的扫描电子显微镜微观形貌

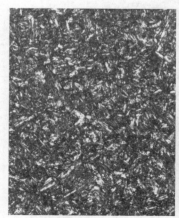
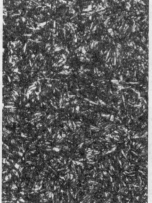
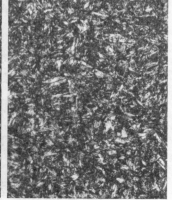

a) 2#试样(400℃回火)　　　　b) 3#试样(480℃回火)　　　　c) 4#试样(540℃回火)

图 5-34　回火试验后弹性销基体的显微组织 500×

4. 结论

弹性销开裂属于一次性脆性断裂。装配过程中弹性销开裂的主要原因是回火温度偏低导致其脆性较大。此外，弹性销原材料磷含量超过标准上限，这也会进一步使材料脆性增加。

将回火温度调整到390~410℃，保温2h，同时严格控制操作过程。自调整后的新工艺实施后，弹性销装配后再未出现断裂现象，确保了后期产品质量。

5.4.5 吊环螺栓断裂分析

1. 概况

吊环螺栓的材料为20钢，其设计标准可吊质量为6.3t。在实际使用过程中，吊环螺栓起吊质量为5.3t的工件数次后在螺纹处发生断裂。

2. 理化检验

（1）宏观形貌分析 吊环螺栓的断裂形貌如图5-35所示。断口与拉应力方向几乎垂直，其表面呈光泽的结晶亮面，属于解理断裂的形貌特征（解理小刻面）。

图5-35 吊环螺栓的断裂形貌

（2）微观形貌分析 将吊环螺栓断口放入扫描电子显微镜观察，断口微观形貌以解理断裂为主，边缘存在少量韧窝，如图5-36所示。

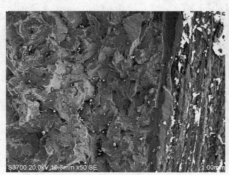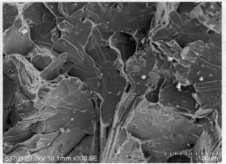

图5-36 断口微观形貌

（3）化学成分分析　在断口附近取样检测出的化学成分（质量分数）为：C 0.18%，Si 0.19%，Mn 0.42%，符合 GB/T 699—2015 关于 20 钢的技术要求。

（4）金相检查　在断口附近取样做金相检查。如图 5-37a 所示，根据 GB/T 10561—2005 评定非金属夹杂物级别为：B1、C2.5e、D1，这说明该吊环螺栓原材料洁净度较差。吊环螺栓基体的显微组织为铁素体和少量珠光体，局部呈魏氏体组织，如图 5-37b 所示。螺纹牙底存在挤压塑性变形痕迹，未见氧化脱碳现象，如图 5-38 所示。

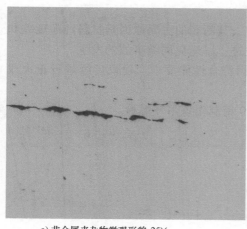

a) 非金属夹杂物微观形貌 25×

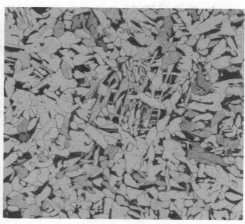

b) 基体显微组织 100×

图 5-37　金相检查结果

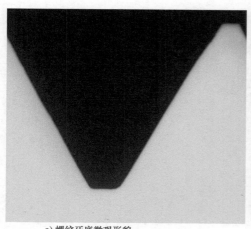

a) 螺纹牙底微观形貌

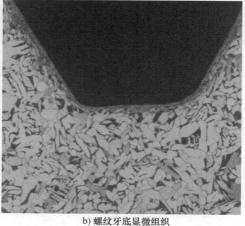

b) 螺纹牙底显微组织

图 5-38　螺纹牙底微观形貌与显微组织 100×

3. 分析与讨论

该吊环螺栓断裂面与拉应力方向几乎垂直，断口呈光泽的结晶亮面，微观形貌以解理断裂为主，属于典型的脆性拉伸断口。

吊环螺栓的非金属夹杂物级别为：B1、C2.5e、D1，材料洁净度较差。基体的显微组织为铁素体和少量珠光体，局部呈魏氏组织分布，具有锻造空冷组织特征。洁净度较差和魏氏组织的出现极大地降低了该吊环螺栓的强度及冲击韧性，从而使得该吊环螺栓在使用过程中能承受的吨位降低。

4. 结论与建议

该吊环螺栓的断口属于脆性拉伸断口。其断裂的主要原因是材料纯净度差和存在魏氏组织。建议采取以下措施进行改进，以避免同类事故的发生。

1）锻后空冷工艺很难保证其内部组织符合性能要求，建议后续进行正火或调质处理，以提高材料的强度和冲击韧性。

2）选用力学性能更好的 45 钢代替 20 钢制作该吊环螺栓。

螺纹成形工艺不当造成的失效案例

6.1 螺纹成形工艺对疲劳寿命的影响

紧固件在服役过程中最常见的断裂形式就是疲劳断裂。紧固件的疲劳断裂是指紧固件在循环负载（交变应力）作用下产生的断裂，断口通常由疲劳裂纹的形核（萌生）、疲劳扩展、最终瞬断区域组成。疲劳性能可使用 S-N 曲线来进行表征，应力幅 S 越小，疲劳寿命 N 就越长，S 和 N 的关系类似于双曲线，如图 6-1 所示，这种关系是几乎所有材料疲劳强度的一般趋势。对于钢制件，只要设定循环应力低于一个门槛值，无论循环次数是多少，都不会发生疲劳断裂。处于这个门槛值的应力幅称为疲劳极限。

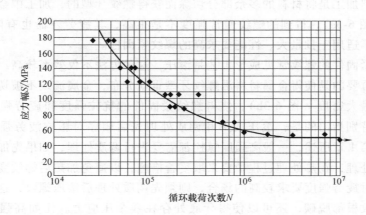

图 6-1 螺栓 S-N 曲线图例（M10×1.25，初始轴向应力 348MPa）

如图 6-2 所示，螺栓容易发生疲劳断裂的区域如下：

1）与内螺纹啮合的尾部（第一扣前的牙底）。

2）螺纹和光杆交界处。

3）头下圆弧过渡处。

根据相关国际标准对螺栓各区域尺寸要求计算出的应力集中系数，经对比不难发现与内螺纹啮合尾部处应力集中系数较大，螺栓疲劳断裂最易发生在该区域。因此，螺纹成形质量是影响螺栓疲劳强度的重要因素。

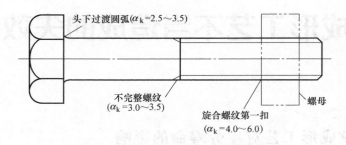

图 6-2　螺栓的疲劳失效区域和应力集中系数 α_k

6.2　螺纹制备工艺

外螺纹的主要加工方法有搓螺纹、滚压螺纹和车螺纹等，内螺纹的主要加工方法有丝锥攻螺纹、车螺纹等。

车螺纹较易实现且效率较高，适用于各种材料、规格和精度紧固件的加工。但由于切削加工是将材料的多余部分切除而获得螺纹牙型的，加工中金属流线被切断（见图 6-3a），得到的螺纹通常强度不是很高，其疲劳寿命也有限。因此，这种方法不适用于批量大、性能要求高的螺纹紧固件。

关键紧固件的螺纹常见成形工艺是滚压，这种方法不仅效率较高，适合批量生产，更重要的是使得金属材料沿螺纹牙型重新分布，金属流线不被切断并在牙底处具有最大密度（图 6-3b），使得螺纹紧固件的抗拉强度和疲劳强度大大提高。但应特别指出的是，滚压成形和调质处理先后顺序对影响疲劳强度至关重要。正如第 1 章所述，一般高强度螺栓都需要进行调质处理，如果先加工螺纹后进行调质处理，在热处理过程中要采取妥善措施，以避免加热后螺纹变形和表面脱碳。在对疲劳强度要求较高的场合，则须先调质处理后滚压螺纹，这样不仅可以避免螺纹根部脱碳，还可以使得牙底处存在残余压应力。比如高强度双头螺柱，其疲劳强度可因此提高 200%，但该工艺滚丝轮的使用寿命降低，制造成本高。

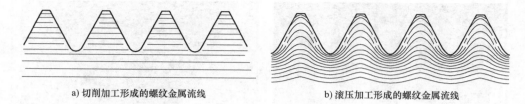

a) 切削加工形成的螺纹金属流线　　　　　b) 滚压加工形成的螺纹金属流线

图 6-3　螺纹部位金属流线

6.3　螺纹制备工艺不当造成的缺陷

螺纹滚压成形根据使用设备的不同可以分为滚压螺纹和搓螺纹。在螺纹制备过程中，由于工艺参数选择不当、材质不良或润滑不当，使得螺纹处产生折叠、孔洞、局部受压破碎等缺陷。与淬火裂纹不同，这些缺陷难以通过无损检测的方法识别出来，容易混入成品中，造成使用中的潜在危险。

1. 折叠

螺栓经冷镦成形后，通常采用搓螺纹或滚压螺纹手段加工螺纹。在搓螺纹与滚压螺纹过程中，往往会由于工艺参数选择或调整不当，或材质不良，会在螺纹处产生细小的折叠缺陷。这种搓螺纹或滚压螺纹造成的折叠缺陷特点是在每个螺纹处折叠的位置与形态基本相同，并与流线方向有关。

螺纹折叠缺陷一般具有如下特征：

1）折叠在每个螺纹的位置与形态大致相同。

2）折叠开口处比较圆滑，裂口较宽，两侧无冶金缺陷。

3）折叠走向与螺纹表面呈一定夹角，并与流线方向有关。

折叠缺陷形成原因一般与材料过软或过硬，滚丝模表面有损伤有关。某六角头螺栓的螺纹根部的折叠缺陷如图 6-4 所示。该折叠位于螺纹根部，会大幅增大该区域的应力集中系数，从而会降低螺栓疲劳强度。如 40Cr 制的连接螺栓在进行疲劳试验时发现早期开裂，经裂纹截面微观形貌检查发现，疲劳裂纹恰好起源于折叠缺陷处，如图 6-5 所示。

2. 孔洞

造成孔洞缺陷的主要原因与毛坯尺寸超大有关。毛坯尺寸超大会造成搓螺纹或滚压螺纹应力增大，在较大的滚压应力作用下，螺纹端中心出现开口孔洞。如果材料塑性好，孔洞不开口，在紧固件心部形成中心封闭孔洞。

3. 局部受压破碎

螺纹在搓螺纹或滚压过程中还有一类由于原材料缺陷导致的局部受压破碎缺

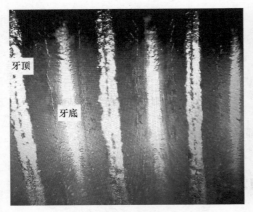

a) 螺纹根部放大照片　　　　　　　　b) 螺纹根部折叠缺陷截面微观形貌100×

图 6-4　螺纹根部的折叠缺陷

图 6-5　从折叠缺陷处萌生的疲劳裂纹 100×

陷，这类缺陷的产生主要是由于原材料内部存在较严重的夹杂物或残余缩孔所致。

6.4　案例分析

6.4.1　M16 螺栓断裂分析

1. 概况

某公司生产的风电增速齿轮箱在风场运行约 1 年，太阳轮外端盖螺栓突然断裂失效，给设备运行带来很大影响。螺栓的规格为 M16，强度级别为 10.9 级，材料为 40Cr，表面采用发黑处理，扭紧力矩为 320N·m。

2. 理化检验

（1）宏观形貌分析　螺栓断裂处位于旋合螺纹第一扣处，断口附近未见明显塑性变形痕迹，如图 6-6 所示。断口上具有疲劳断裂特征的贝纹线清晰可见，根据贝纹线收敛方向可以初步推测疲劳源分别位于断面的 6 点钟和 8 点钟方向。疲劳源附近可以观察到由多次裂纹交汇形成的台阶，整个断口具有多源疲劳断裂特征，应力集中现象明显。12 点方向为瞬断区，其面积较小，占整个断面的比例不足 1/6，这表明螺栓断裂时受到的名义应力较小。

图 6-6　螺栓断裂位置及断口宏观形貌

（2）微观形貌分析　将螺栓断口放入扫描电子显微镜观察，其断口疲劳源区的微观形貌如图 6-7 所示。表层存在凸起台阶，凸起处宽度约为 74.6μm，由圆球颗粒物组成，经能谱测试该区域氧的质量分数为 23.8%，这说明该区域为氧化物。结合螺栓制备工艺，可以推测该区域为螺纹滚制后形成的折叠缺陷，在随后热处理过程中折叠缺陷面被高温氧化，表面形成圆球形氧化颗粒。图 6-8 所

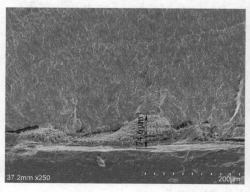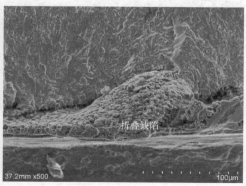

图 6-7　螺栓断口疲劳源区的微观形貌

示为螺栓断口扩展区的微观形貌。该区域以准解理为主，存在明显的疲劳辉纹，属于典型的疲劳断裂。

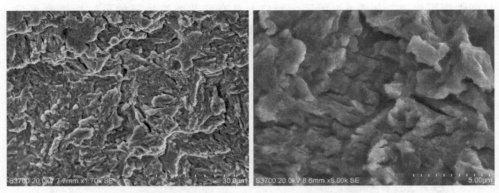

图 6-8　螺栓断口扩展区的微观形貌

（3）化学成分分析　对断裂螺栓取样进行化学成分检测，检测结果见表6-1。由表 6-1 可看出，其化学成分符合 GB/T 3077—2015 中关于 40Cr 的技术要求。

表 6-1　螺栓的化学成分（质量分数）　　　　　　　　　　（%）

类别	C	Si	Mn	P	S	Cr	Ni	Mo
试样	0.43	0.17	0.69	0.010	0.004	0.90	0.03	0.01
GB/T 3077—2015	0.37~0.44	0.17~0.37	0.50~0.80	≤0.030	≤0.030	0.80~1.10	≤0.30	≤0.10

（4）金相检查　图 6-9 所示为断裂螺栓基体的显微组织。其组织为回火索氏体，晶粒度约为 8 级，属于 40Cr 材料正常的调质组织。图 6-10 所示为裂纹源附

100×　　　　　　　　　　　　　　500×

图 6-9　断裂螺栓基体的显微组织

近的微观形貌，螺纹底部过渡曲面质量较好，但值得注意的是螺牙底部存在线状缺陷，缺陷两侧存在内氧化现象。经硝酸乙醇溶液侵蚀后，螺纹根部表层存在铁素体脱碳层，深约 $20\mu m$，如图 6-11 所示，在缺陷两侧存在脱碳层。根据以上特征可以推断，该缺陷为螺纹滚制过程中的折叠缺陷。

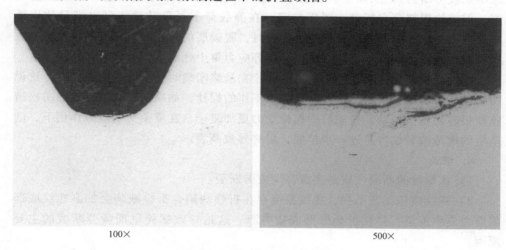

|100×|500×|

图 6-10　裂纹源附近的微观形貌

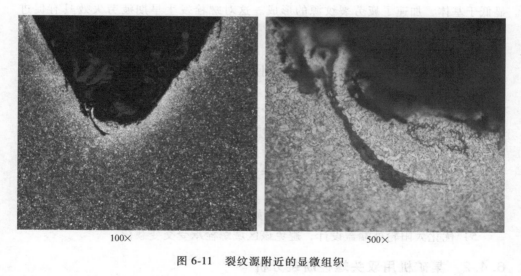

|100×|500×|

图 6-11　裂纹源附近的显微组织

3. 分析与讨论

疲劳断裂是承受动载荷螺栓的常见失效形式之一。该螺栓在设备运行过程中受到交变载荷作用，具备了螺栓疲劳断裂的服役载荷特征。断裂部位位于空心轴端面与盖板结合面的地方，即螺栓螺纹受力的第一扣处螺纹底部，该部位是螺栓连接结构中应力集中最严重的地方。

引起疲劳断裂的原因一般为螺栓表面缺陷（如折叠、脱碳、机加工刀痕等）、应力集中区（如圆弧半径过小）或预紧力不规范（安装过松、过紧都会导致早期疲劳断裂）。从以上检测分析可知，断裂螺栓螺纹底部过渡曲面质量较好，但螺纹根部存在折叠、脱碳缺陷，在静载荷下服役其性能可以满足使用要求，但当螺栓在振动或交变载荷下服役时，脱碳层的存在和折叠缺陷，就会导致螺栓表面疲劳强度降低，易在螺纹牙底等应力集中处萌生疲劳断裂。

螺栓最终断裂区面积极小，表明螺栓在最终断裂时所承受的应力较小，这说明螺栓断裂前已经松动。在振动条件下工作的螺栓，如果没有采取有效的防松措施则很容易发生松动，松动后的螺栓受力更加复杂。在复杂交变应力作用下，已萌生的疲劳微裂纹容易进一步扩展，最终导致断裂。

4. 结论

1）该螺栓的断裂性质是多源高周疲劳断裂。

2）螺纹滚压工艺不当，螺纹根部存在折叠缺陷，折叠缺陷会加剧螺纹底部的应力集中现象，并在折叠处形成疲劳源。这是导致螺栓早期疲劳断裂的主要原因。

3）螺栓表面的脱碳层导致了螺栓表面的弱化，使得螺栓表面硬度和强度明显低于基体，加速了疲劳裂纹源的形成。这对螺栓发生早期疲劳失效具有促进作用。

5. 改进措施

1）加强螺纹成形工艺的控制，特别是滚压螺纹模具的使用寿命监管，防止滚压螺纹时产生折叠缺陷。

2）加强热处理过程控制，防止螺纹表面脱碳，最好采取先调质后滚压螺纹的工艺。这样不仅可以有效避免螺纹表层脱碳，还可以增加牙底的残余压应力，提高疲劳寿命。

3）螺栓安装时要控制安装预紧力并涂抹螺纹放松胶，防止出现过紧或过松现象。

4）选用 35CrMo、42CrMo 等韧性更好的材料代替 40Cr。

5）优化太阳轮外端盖设计，避免该区域螺栓承受交变载荷。

6.4.2　某矿机用双头螺柱断裂分析

1. 概况

某矿机用双头螺柱，规格为 M52×30，等级为 10.9 级，材质为 35CrMo 钢，表面发黑处理。该双头螺柱安装在矿机壳体固定主减速器，服役约 3000h 后发生断裂。

2. 理化检验

（1）宏观形貌分析　双头螺柱的断口形貌如图 6-12 所示。断口具有典型的疲劳断裂特征，裂源位于贝纹线反向收敛处，这说明其应力集中程度较为严重。值得注意的是，裂纹源位于螺纹节圆部位而非承载面积最小的牙底部位。断口上方黑色粗糙区域为最终瞬断区。

图 6-12　双头螺柱的断口形貌

（2）微观形貌分析　将断口放入扫描电子显微镜下观察断口形貌，裂纹源部位的微观形貌如图 6-13 所示。裂源处存在多次裂纹交汇台阶，微观形貌以准解理为主，未见异常夹渣和旧裂纹。裂纹源处存在粗大平行加工刀痕。图 6-14 所示为扩展区的微观形貌。该区域为准解理断裂，疲劳辉纹清晰可见。最终瞬断区的微观形貌以撕裂韧窝为主，如图 6-15 所示。

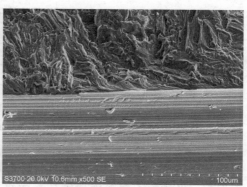

图 6-13　裂纹源部位的微观形貌

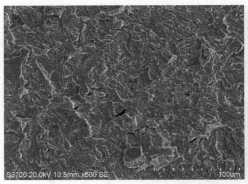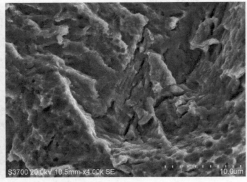

图 6-14　扩展区的微观形貌

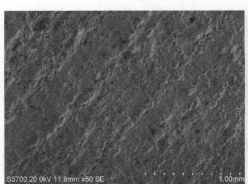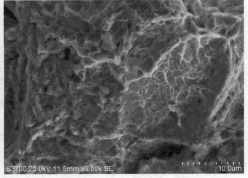

图 6-15　瞬断区的微观形貌

（3）化学成分分析　在断裂的双头螺柱上取样进行化学成分检测，检测结果见表 6-2。由表 6-2 可看出，其化学成分符合 GB/T 3077—2015 中关于 35CrMo 的技术要求。

表 6-2　双头螺柱的化学成分（质量分数）　（%）

类别	C	Si	Mn	P	S	Cr	Mo
试样	0.35	0.22	0.63	0.008	0.001	0.98	0.15
GB/T 3077—2015	0.32~0.40	0.17~0.37	0.40~0.70	≤0.030	≤0.030	0.80~1.10	0.15~0.25

（4）金相检查　在断裂双头螺柱纵截面 1/2 半径的部位取样进行金相检查。其非金属夹杂物级别为：A0.5、D1、Ds0.5，基体组织为回火索氏体，存在条带状偏析，晶粒度约为 8 级，如图 6-16 所示。螺纹截面微观形貌如图 6-17 所示。螺纹牙底过渡质量较差，牙底和节圆表面存在细小凹坑，这是粗糙加工刀痕的截面形貌。经硝酸乙醇溶液侵蚀后，螺纹两侧存在白色铁素体脱碳层，如图 6-18 所示。

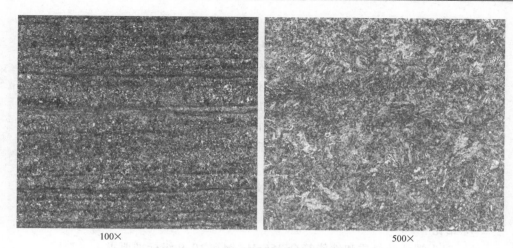

<table>
<tr><td align="center">100×</td><td align="center">500×</td></tr>
</table>

图 6-16 双头螺柱纵截面基体的显微组织

图 6-17 螺纹截面的微观形貌 100×

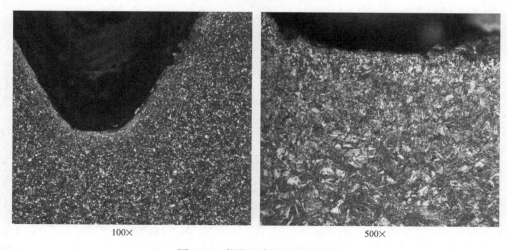

<table>
<tr><td align="center">100×</td><td align="center">500×</td></tr>
</table>

图 6-18 螺纹根部的显微组织

3. 分析与讨论

经检查发现，断裂双头螺柱断口具有多源疲劳断裂特征，裂纹源位于贝纹线反向收敛处，这说明其应力集中程度较为严重。裂纹源位于螺纹节圆部位而非承载面积最小的牙底部位，断裂处的螺纹牙表面有相当多的车削加工刀痕，这说明该双头螺柱螺纹加工工艺为车削。机械加工刀痕的存在破坏了金属表面的完整性，在安装时的预紧力和服役应力共同作用下，容易形成应力集中。另外，双头螺柱在调质过程中由于保护不当，螺纹部位产生一定程度的脱碳，使螺纹底部圆角处的表层强度降低，促进微裂纹扩展，易形成宏观裂纹。宏观裂纹形成后，在服役应力作用下，缓慢向内部扩展。裂纹扩展至一定程度后，所残留的支撑材料不足以承受服役载荷后就突然发生断裂。

4. 结论

1）双头螺柱的材质和性能符合 35CrMo 钢和 10.9 级标准要求。

2）螺纹加工工艺为车削，其表面存在平行分布的车加工刀痕，螺牙表面粗糙度值过高且产生应力集中，从而造成疲劳强度降低。这是导致双头螺柱早期疲劳断裂的主要原因。

3）螺纹表层存在铁素体脱碳层，使表层强度降低，促进了双头螺柱的早期失效。

建议采用滚压螺纹以提高螺纹表面质量，同时改进热处理工艺，防止表层脱碳现象的出现。

第7章

〈〈〈〈〈〈〈

紧固件氢脆断裂失效案例

由于氢而导致金属材料在低应力静载荷下的脆性断裂，称为氢脆断裂，简称氢脆。氢脆一般表现为低应力下的延迟性断裂，由于这种失效常常是在零件通过正常检验合格后服役过程中发生的突然断裂，具有一定隐蔽性和不可预见性，是一种十分危险的失效形式。

分析氢的来源是解决和预防紧固件氢脆问题的重要环节，氢的来源可分为"内含的"和"外来的"两种。前者是指原材料在熔炼过程中及随后加工制造过程中（如酸洗、电镀等）中吸收的氢；后者是指紧固件成品在服役过程中从含氢环境介质中吸收的氢。

氢原子具有最小的原子半径（$r_H = 0.053\text{nm}$），易于进入金属内部，随后在静应力（包括外加的、残余的以及原子间的相互作用力）作用下，向应力高的部位扩散聚集，由原子变为分子（$H^+ + e^- \rightarrow H$，$2H \rightarrow H_2 \uparrow$）。此时在氢聚集的部位会产生巨大的体积膨胀效应，导致氢脆。因此，氢脆断裂除了零件含有较高的氢外，还必须有外加拉伸恒载荷或低速拉伸载荷才能发生脆性断裂。螺栓装配后恰好是承受轴向拉应力，因此往往会在装配后的静置状态下发生延迟脆性断裂。

应当指出，判断紧固件是否氢脆不能以氢含量为判据，特别是对于经过表面镀覆处理的紧固件，其检测出的氢含量实际上接近基体材料的氢含量，并不代表镀覆层附近的实际氢含量。此外，还需要考虑紧固件在承受拉伸静载荷后氢含量在螺纹根部、头杆结合处等应力集中区域聚集现象，螺栓氢脆型断裂一般位于上述两处位置。

综合多起紧固件氢脆失效案例分析可知，导致紧固件氢脆的原因一般和原材料、钢材组织状态、服役环境和酸洗、电镀工艺不当有关。

7.1　原材料冶炼情况

钢材在冶炼过程中由于原料中含有水分或油垢等不纯物质，在高温下分解形成氢并进入钢液中。熔化温度下，钢液中氢的溶解度较高，每 100g 钢液中氢的溶解量可达到 $20\sim30cm^3$，但是随着钢液凝固过程中温度降低，饱和氢溶解度将显著降低，过饱和氢一部分随着钢液的凝固通过扩散溢出，一部分将以过饱和氢的方式残留钢中。在后续经热加工变形后冷却过程中析出氢分子，从而产生巨大的内应力而在金属内部产生裂缝。在进行横截面低倍酸蚀检查时，在距钢坯表面 1/2 半径处会存在锯齿形细小发纹，呈放射状、同心圆形或不规则形态分布，如图 7-1 所示。在沿纵向取拉伸试样测试时，会发现断口上存在圆形或椭圆形亮点。

a) 原材料低倍形貌　　　　　　　　b) 拉伸断口宏观形貌

图 7-1　氢含量较高原材料中的白点缺陷

避免和预防该类缺陷的有效措施是注意冶炼过程中用料的管理，保证矿石、造渣原料、铁合金、耐火材料的干燥，尤其是我国南方梅雨季节期间，当地的钢厂要尤为重视。采购该阶段生产的原材料也要相应增加抽检频次。

7.2　酸洗、电镀工艺

1. 酸洗

紧固件生产过程中采用酸洗工艺主要有以下两个作用：

1）去除线材表面的油污、氧化膜，作为表面处理的预处理工艺。

2）在金属表面形成一层磷酸盐薄膜，以减少线材抽线以及冷镦或成形等加工过程中，对工模具的擦伤。

酸洗过程中除了线材表面油污、附着物和氧化膜与酸液反应之外，金属基体还有可能与酸液之间发生化学反应：

$$Fe+3HCl \rightarrow 3H+FeCl_3$$

反应所产生的氢除了以分子氢形式逸出外，还有部分氢原子进入金属内部。

2. 电镀

电镀是工业上普遍采用的一种表面防腐蚀工艺，它能有效提高紧固件的耐蚀性，但电镀工艺或电镀后处理不当会引起零件的延迟性断裂。电镀反应是一种典型的电解反应，待镀紧固件作为阴极，在外加电流作用下，溶液中的金属离子在阴极表面得到电子而被还原成金属并沉积于其表面。在金属电沉积的同时都存在有氢离子的放电并析出氢气，析出的氢有时会进入镀层或渗入金属基体内：

$$H^++e \rightarrow H \ 或 \ (H_3O)^++e \rightarrow H+H_2O$$

$$H+H \rightarrow H_2 \uparrow \ 或 \ H+H^++e \rightarrow H_2 \uparrow$$

因此，要尽量选用降低镀件氢脆敏感性的电镀液，可采用达克罗、真空镀、离子镀等无氢脆或减少氢脆的工艺来尽量减少氢的渗入。

这些工序如果操作不当，比如在酸液中时间过长，或者酸溶液温度过高，则溶液中的少量砷、硫、碲离子将会阻碍原子状态的氢在工件表面结合形成分子态的氢，而促进了氢的渗入，引起氢脆。因此，紧固件经酸洗或电镀之后，必须在规定时间内进行除氢处理。

7.3　服役环境

化学成分相同的钢，在各种含氢环境介质中的吸氢量是各不相同的。试验表明，高强度钢介质敏感性是按大气、水、海水、HCl（pH 值为 3）和 H_2S 水溶液的顺序依次升高的。常见的含氢环境介质见表 7-1。

表 7-1　常见的含氢环境介质

气体介质	潮湿的大气、工业空气、常压的纯氢、H_2S 气体、HCl 气体、海雾等
液体介质	海水、自来水、含碱水溶液、含卤素离子的水溶液、含酸溶液、含微量水的有机溶剂等

7.4　钢材组织状态

氢在各类组织中的扩散系数有很大的差异，因此在强度、氢含量和拉应力相同的条件下，各类组织的氢脆敏感性有显著的差异。图 7-2 所示为显微组织和硬度对紧固件氢脆敏感性的影响。由图 7-2 可知，高碳马氏体组织有较高的氢脆敏感性，低碳马氏体组织则不明显；强度水平越高，其氢脆敏感性越大。因此，GB/T 3098.1—2010《紧固件机械性能 螺栓、螺钉和螺柱》中明确指出：当考虑使用 12.9 级螺栓时，应谨慎从事，紧固件制造者的能力、服役条件和扳拧方法都应仔细考虑。

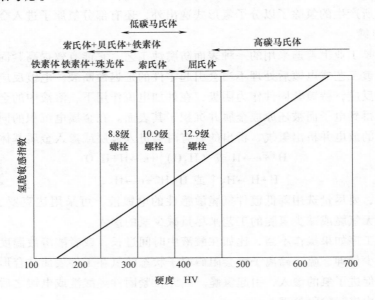

图 7-2 显微组织和硬度对紧固件氢脆敏感性的影响

　　某地铁制动系统用调整销的材料为 45 钢，表面电镀彩锌后再进行 180℃ 保温 2h 的除氢处理，经装配一周后检查发现批量性断裂。如图 7-3 所示，断裂部位有的在螺纹处，有的在头杆结合处，断口较平整，呈结晶状的脆性断裂形貌。经扫描电子显微镜微观形貌检查（见图 7-4），断口呈冰糖状沿晶断口，晶界面上存在气体挤压冲刷形成的鸡爪花样，具有典型的氢脆断裂特征。经检测，光杆处硬度为 48～49HRC，明显大于 45 钢经调质处理后的正常硬度值（26～35HRC）。图 7-5 所示为调整销基体的显微组织。其组织为马氏体+少量上贝氏

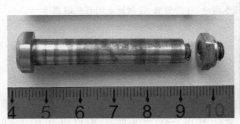

图 7-3 调整销的断口形貌

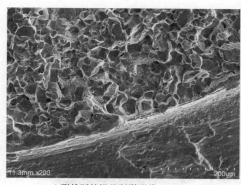 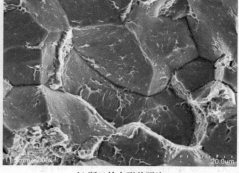

a) 裂纹源处沿晶断裂形貌　　　　　　　　　　b) 断口放大形貌照片

图 7-4 氢脆沿晶断裂形貌

体,并非回火索氏体,这与硬度测试结果也能相互印证。这种组织的氢脆敏感性极大,在装配拉伸载荷下极容易在应力集中处发生氢的富集从而导致延迟脆性断裂。对同种型号调整销提高回火温度、延长除氢处理保温时间后,装配和使用中这些调整销均未发现断裂现象。

另外,钢材的晶粒度影响也较显著,晶粒越粗大,氢敏感性越高。夹杂物或元素的偏析也起着同样的作用。一般来说,在其他条件相同时,钢的纯度越低,氢脆敏感性越高,如钢中锭形偏析的存在,会使得氢脆敏感性增加。

图 7-5 调整销的基体显微组织 500×

7.5 案例分析

7.5.1 柴油机主轴盖螺栓断裂分析

1. 概况

某型号柴油机主轴缸盖螺栓的材料为 42CrMo,强度级别为 12.9 级,安装扭矩为 140~150N·m。该螺栓服役一段时间后,发生批量性断裂。

2. 理化检验

(1) 宏观形貌分析　主轴缸盖螺栓断裂后的宏观形貌如图 7-6 所示。三组柴油机 A、B、C 主缸盖螺栓的断裂情况：柴油机 A 断裂一根螺栓，编号为 1#；柴油机 B 断裂两根螺栓，编号为 2#和 3#；柴油机 C 断裂两根螺栓，编号为 4#和 5#。螺栓断裂位置有在头杆结合处，也有在螺纹处。1#、3#和 4#螺栓断裂位置位于头杆结合处，断口附近无明显塑性变形，整个断口呈亮灰色，未见明显氧化腐蚀痕迹，断口可见放射花样，具有脆性断裂特征（见表 7-2）。2#和 5#螺栓断裂位置位于螺纹底部，裂纹扩展与轴向约呈 45°，断口附近存在塑性变形，断口呈深灰色纤维状，具有塑性断裂特征（见表 7-2）。

图 7-6　主轴缸盖螺栓断裂后的宏观形貌

表 7-2　主轴缸盖螺栓试样信息

柴油机编号	试样编号	断口形貌	柴油机编号	试样编号	断口形貌
A	1#			4#	
B	2#		C	5#	
	3#				

（2）微观形貌分析　图7-7所示为3#螺栓断口各区域的微观形貌。裂纹源处为沿晶断裂，断口呈冰糖状，伴有二次裂纹，晶界面上存在孔洞和鸡爪纹理。断裂面未见明显的腐蚀产物，瞬断区微观形貌以韧窝形貌为主。从图7-7b中可以观察到，在头杆结合处过渡圆弧表面存在平行分布的周向加工刀痕，该刀痕对过渡圆弧处应力集中起加剧作用。图7-8所示为4#螺栓裂纹源区的微观形貌。裂纹源区微观形貌以沿晶断裂为主，晶界面上存在孔洞和鸡爪纹理。

a）断口形貌

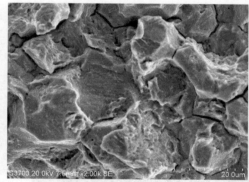

c）裂纹源处晶界截面微观形貌

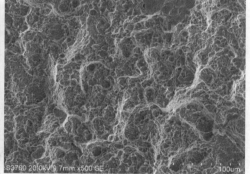

b）裂纹源处微观形貌

d）瞬断区微观形貌

图 7-7　3#螺栓断口各区域的微观形貌

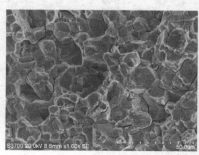

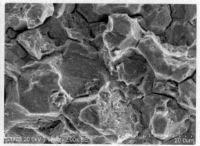

图 7-8　4#螺栓裂纹源区的微观形貌

（3）化学成分分析 在3#螺栓上取样进行化学成分检测，检测结果见表7-3。由表7-3可看出，其化学成分符合 GB/T 3077—2015 中关于 42CrMo 的技术要求。

表 7-3 断裂螺栓化学成分（质量分数） （%）

类别	C	Si	Mn	P	S	Cr	Mo
3#螺栓试样	0.41	0.22	0.58	0.010	0.002	1.01	0.16
GB/T 3077—2015	0.38~0.45	0.17~0.37	0.50~0.80	≤0.030	≤0.030	0.90~1.20	0.15~0.25

（4）非金属夹杂物检查 在 3#螺栓上取样进行金相检查。根据 GB/T 10561—2005，可以评定其非金属夹杂物级别为：A0.5、D0.5，如图 7-9a 所示，其原材料洁净度较好。

a) 非金属夹杂物 100×　　　　　　　b) 微观形貌 25×

图 7-9　3#螺栓纵截面非金属夹杂物及微观形貌

（5）显微组织检查 图 7-9b 所示为螺牙截面的微观形貌。螺纹底部过渡较圆滑，未见氧化折叠现象，螺纹顶部存在细小折叠。3#螺栓螺纹底部截面的显微

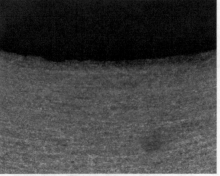

50×　　　　　　　　　　　　500×

图 7-10　3#螺栓螺纹底部截面的显微组织

组织如图 7-10 所示。螺纹底部存在滚压螺纹形成的形变流线，未见氧化脱碳现象。螺栓基体显微组织为回火索氏体+条状分布的马氏体，如图 7-11 所示。该区域维氏硬度测试结果为 401HV0.3、414HV0.3、405HV0.3，符合 GB/T 3098.1—2010 中关于 12.9 级螺栓的硬度要求（385~435HV）。

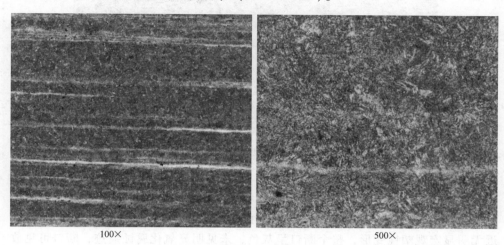

100×　　　　　　　　　　　　　500×

图 7-11　3#螺栓纵截面基体的显微组织

（6）螺栓头杆结合处检查　图 7-12 所示为 4#螺栓头杆过渡圆弧处的微观形貌。其过渡圆弧半径约为 0.8mm。过渡圆弧附近的头部表面存在月牙形的白亮层，经维氏硬度测试，该区域硬度为 719HV0.1、720HV0.1、689HV0.1。白亮层和基体之间还存在容易腐蚀的深色回火索氏体，属于典型的磨削回火烧伤特征，如图 7-13 所示。

图 7-12　4#螺栓头杆过渡圆弧处的微观形貌 25×

图 7-13　4#螺栓头部磨削烧伤层的显微组织 200×

3. 结果分析

（1）螺栓断裂情况　三组柴油机螺栓发生断裂，螺栓断裂位置有的在头杆结合处，也有的在螺纹处。1#、3#和4#螺栓断裂位置位于头杆结合部，断口附近无明显宏观塑性变形，整个断口呈灰色，未见明显氧化腐蚀痕迹，断口可见放射花样，呈典型脆性断裂特征。2#和5#螺栓断裂位置位于螺纹底部，该区域裂纹扩展与轴向约呈45°，断口附近存在塑性变形。据此可判断，3#和4#螺栓首先发生断裂，导致其他螺栓承受载荷增大，2#和5#螺栓由于承受载荷过大随后发生过载断裂。

（2）切削加工刀痕影响　裂纹源处位于头杆过渡圆弧处，过渡处切削刀痕较深，在扫描电子显微镜可看到平行分布的条状刀痕。螺栓在安装和使用过程中，粗糙的加工痕迹处应力集中水平较高，会导致氢在此处富集。在装配应力作用下，螺栓头杆结合处会发生氢致微裂纹，微裂纹的尖端会进一步导致应力集中，从而使裂纹不断扩展，发生氢致延迟性断裂。

（3）过渡圆弧附近的头部磨削工艺不当　过渡圆弧附近的头部存在月牙形的白亮层，且表面呈发射状纹路，说明头部表面经过磨削工艺。

在磨削过程中金属表面产生了急剧的塑性变形，其结果是产生大量的磨削热，磨轮与工件表面相互摩擦所消耗的功是磨削热的来源。磨削区瞬间受热温度可高达1000℃。磨削时产生的热量足以使金属表面出现严重的二次淬火烧伤现象，组织为高硬度的淬火马氏体，该组织氢脆敏感性极高。

4. 结论

柴油机主轴盖螺栓的断裂具有氢致延迟性断裂特征，螺栓头杆过渡圆弧采用磨削工艺对尺寸进行调整过程中控制不当导致磨削烧伤，表面形成氢脆敏感性极高的二次淬火马氏体。此外螺栓头杆结合处加工痕迹也加剧了应力集中。这是造成螺栓在头杆结合处断裂的重要原因。

7.5.2　镀锌螺钉断裂分析

1. 概况

某汽车发动机螺钉，其表面处理工艺为电镀黑锌。经装配后放置约两个月，客户进行检查时发现螺钉存在批量断裂现象。

2. 理化检验

（1）宏观形貌分析　图7-14所示为螺钉断口的宏观形貌。断口呈金属光泽，未见明显腐蚀氧化痕迹，断口周围未见明显塑性变形痕迹，具有脆性断裂特征。

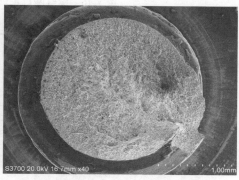

图7-14　螺钉断口的宏观形貌

（2）微观形貌分析　螺钉以沿晶断裂为主，局部存在沿晶的二次裂纹，如图7-15所示。值得注意的是，在沿晶断口上存在较多的鸡爪纹。扩展区微观形貌为沿晶断裂+局部撕裂韧窝，如图7-16所示。图7-17所示为镀层能谱分析区域及结果，镀层能谱成分以锌元素为主。

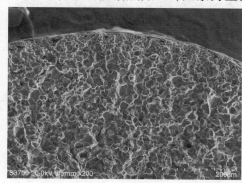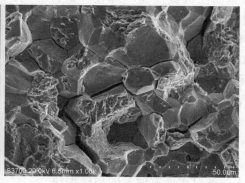

图7-15　螺钉裂纹源附近断口的微观形貌

（3）金相检查　图7-18所示为螺纹截面的显微组织。螺纹表面比基体容易

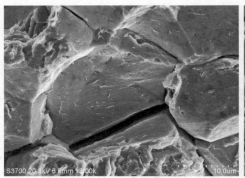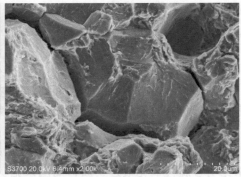

图 7-16　螺钉断口扩展区的微观形貌

元素	质量分数 (%)	摩尔分数 (%)
O	8.23	26.52
Cl	0.85	1.23
Fe	4.27	3.94
Zn	86.65	68.31

图 7-17　镀层能谱分析区域及结果

侵蚀呈黑色。按 GB/T 3098.1—2010《紧固件机械性能　螺栓、螺钉和螺柱》的要求，采用硬度法对螺纹进行增碳测试。螺纹第 1 测试点和第 3 测试点的硬度实测值分别为 350HV0.3 和 445HV0.3。标准中未增碳要求为第 3 测试点的维氏硬度值应等于或小于第 1 点维氏硬度值加上 30HV0.3，可见螺钉的增碳不能满足标准要求，表面硬度高于心部硬度约 95HV0.3，表明螺钉表面有明显的增碳现象。

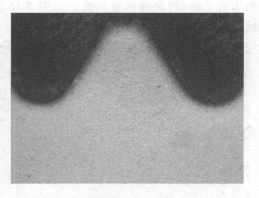

图 7-18　螺纹截面的显微组织　25×

3. 结论

经综合分析，该螺钉属于氢脆延迟断裂失效。断裂主要原因为螺钉淬火时碳势控制不良，造成表面增碳严重。增碳会导致螺钉表面脆性变大，塑性降低，增加氢脆敏感性。这是导致螺钉氢脆断裂的主要原因。

7.5.3　牵引电动机悬挂螺栓高压垫圈开裂原因分析

1. 概况

牵引电动机悬挂螺栓高压垫圈的规格为 M24，材料为 50CrV4（德国牌号），表面处理工艺为达克罗镀锌。在检修过程中，发现该垫圈开裂。

2. 理化检验

（1）宏观形貌分析　开裂的高压垫圈为锥面垫圈，裂缝沿径向由外圈向内圈延伸扩展且已贯穿，如图 7-19 所示。将垫圈裂纹打开后断口的宏观形貌如图 7-20所示。断口呈亮灰色金属光泽，未见夹渣、疏松等原材料缺陷，均属于一次性脆性断裂。根据纹理特征，可以初步推测裂纹源均位于表面，即图 7-20中箭头所指处。根据垫圈服役特点可知，垫圈外侧边缘承受拉应力较大，此外裂源附近的表面镀锌层存在蹭刮痕迹。

图 7-19　开裂垫圈的宏观形貌

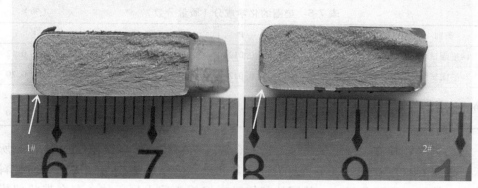

图 7-20　将垫圈裂纹打开后断口的宏观形貌

（2）微观形貌分析　将裂纹打开后的断口通过扫描电子显微镜观察微观形貌，如图 7-21 所示。裂纹源处微观断裂机制以沿晶断裂为主。值得注意的是，在沿晶断面上存在较多的气孔和发纹，断裂扩展区微观断裂形貌为韧窝+沿晶断裂。

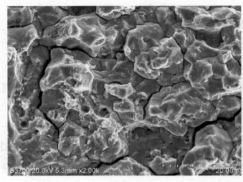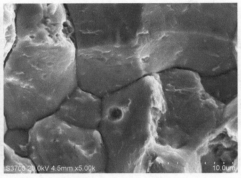

图 7-21　垫圈裂纹源处的微观形貌

（3）硬度测试　在 1#和 2#开裂垫圈基体上分别进行维氏硬度和洛氏硬度测试，测试结果见表 7-4，接近设计要求上限（设计要求为 420~510HV）。

表 7-4　垫圈硬度测试结果

试样名称	基体维氏硬度　HV1.0	基体洛氏硬度　HRC
1#垫圈	502、504、506	47.5、48.0、48.0
2#垫圈	496、492、492	48.0、47.5、48.0

（4）化学成分分析　在 1#垫圈上取样进行化学成分检测，检测结果见表 7-5。由表 7-5 可看出，该垫圈化学成分符合 DIN 17222：1979 中关于 50CrV4 的技术要求。对 1#和 2#垫圈进行氢含量测定，氢的质量分数分别为 5.3×10^{-4}% 和 6.7×10^{-4}%，说明该批次垫圈氢含量较高。

表 7-5　垫圈的化学成分（质量分数）　　　　（%）

类别	C	Si	Mn	P	S	Cr	Ni	Mo	V
1#垫圈试样	0.54	0.23	0.86	0.012	0.003	0.96	0.06	0.01	0.12
2#垫圈试样	0.53	0.22	0.83	0.012	0.003	0.89	0.06	0.01	0.20
DIN 17222：1979	0.47~0.55	0.15~0.40	0.70~1.10	≤0.035	≤0.035	0.90~1.20	—	—	0.10~0.20

（5）金相检查　1#垫圈断口附近非金属夹杂物及基体显微组织如图 7-22 所示。根据 GB/T 10561—2005，可以评定其非金属夹杂物级别为：D1.0，原材料洁净度较好（见图 7-22a）。垫圈的基体显微组织为回火屈氏体，存在带状偏析

（见图 7-22b）。

 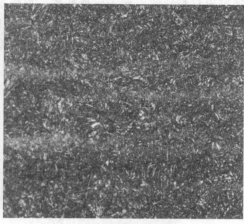

a) 非金属夹杂物 100×   b) 基体显微组织 500×

图 7-22 1#垫圈断口附近非金属夹杂物及基体显微组织

3. 结论

该垫圈开裂具有氢致延迟性断裂特征。螺栓装配时垫圈位于螺栓头部和支撑面之间。垫圈具有一定弹性，在装配预紧力作用下会增加和支撑面的摩擦力进而起到螺栓防松的目的，同时在垫片下表面产生一个较大的拉应力，具备氢脆形成的应力条件。

垫圈氢含量较高，说明除氢工艺不充分。垫圈表面处理工艺采取达克罗镀锌，该工艺可以解决电镀渗氢的问题，但是在加工过程中还要控制酸洗等工序，防止垫圈渗氢。此外，开裂垫圈的硬度接近技术要求上限，这使得其氢脆敏感性增加，建议增加垫圈的回火温度，在满足设计强度要求的前提下降低垫圈的硬度。

7.5.4 锁紧螺母裂纹分析

1. 概况

锁紧螺母用于动车电动机轴和主动齿轮的锁紧，材料为 42CrMo，加工工艺为：下料→粗车外圆→铣六边→调质→精车外圆→车螺纹→精铣六角→镀锌→包装入库。该锁紧螺母运行半年后，检修时发现纵向裂纹。

2. 理化检验

（1）宏观形貌分析 图 7-23 所示为锁紧螺母的宏观形貌。1#锁紧螺母为开裂的锁紧螺母，裂纹位于箭头所指处。2#锁紧螺母为同类型的其他批次锁紧螺母，还未进行装配使用，供检测对比分析。1#锁紧螺母的裂纹贯穿截面，如

图 7-24所示，裂纹打开后的断口齐平，未见明显塑性变形，断口未发现氧化夹渣等原材料缺陷，属于脆性断裂。根据断口形貌特征可以初步推测，裂纹源位于倒角附近的次表面处（见图 7-24 中箭头所指处）。断口存在白色覆盖物，根据装配工艺可以初步推，测覆盖物为螺纹密封胶。断口呈灰色，未见锌镀层残留，可以初步排除热处理裂纹的可能性。

a) 1#锁紧螺母

b) 2#锁紧螺母

图 7-23　锁紧螺母的宏观形貌

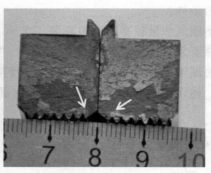

图 7-24　裂纹局部放大照片及打开后的断口宏观形貌

（2）微观形貌分析　断口白色覆盖物的微观形貌及能谱分析结果如图 7-25 所示。该区域主要元素为碳、氧、硅，可以判断白色覆盖物为螺纹密封胶。裂纹源区附近的微观形貌如图 7-26 所示。其微观断裂机制为沿晶断裂+准解理，沿晶断口上存在鸡爪纹，未见锌元素残留。

（3）化学成分分析　在锁紧螺母上取样进行化学成分检测，检测结果见表 7-6。由表 7-6 可看出，1#和 2#锁紧螺母的化学成分均符合 GB/T 3077—2015

元素	质量分数 （%）	摩尔分数 （%）
C	42.28	54.27
O	36.32	35.00
Mg	0.34	0.22
Al	0.70	0.40
Si	14.68	8.06
Ca	4.48	1.72
Fe	1.20	0.33

图 7-25   断口白色覆盖物的微观形貌及能谱分析结果

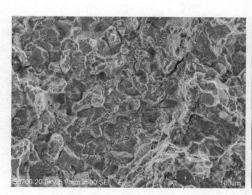

图 7-26   裂纹源区附近的微观形貌

中关于 42CrMo 的技术要求。

表 7-6   锁紧螺母化学成分（质量分数）   （%）

类别	C	Si	Mn	P	S	Cr	Mo
1#锁紧螺母	0.42	0.29	0.76	0.019	0.004	1.00	0.17
2#锁紧螺母	0.45	0.26	0.78	0.012	0.002	1.00	0.20
GB/T 3077—2015	0.38~0.45	0.17~0.37	0.50~0.80	≤0.030	≤0.030	0.90~1.20	0.15~0.25

（4）低倍宏观形貌分析和硬度测试　锁紧螺母纵截面的低倍宏观形貌如图7-27所示。1#锁紧螺母试样存在枝晶状偏析，2#锁紧螺母试样锻造流线呈平行分析。这表明1#锁紧螺母锻造质量较差。对两组试样分别进行硬度测试，其测试结果：1#锁紧螺母的硬度为350HBW；2#锁紧螺母的硬度为375HBW。

a) 1#锁紧螺母　　　　　　　　　b) 2#锁紧螺母

图 7-27　锁紧螺母纵截面的低倍宏观形貌

（5）非金属夹杂物检查　图7-28所示为1#和2#锁紧螺母的非金属夹杂物。根据 GB/T 10561—2005 可以评定其夹杂物级别：1#为 A0.5，D0.5；2#为 A0.5，$D_{TiN}1.0$。

a) 1#锁紧螺母　　　　　　　　　b) 2#锁紧螺母

图 7-28　锁紧螺母的非金属夹杂物 100×

（6）显微组织检查　图7-29所示为1#锁紧螺母的基体显微组织。该区域存在偏析，深色区域为回火索氏体，浅色区域为回火索氏体+贝氏体。图7-30所示为2#锁紧螺母基体的显微组织。其组织为回火索氏体。

　　1#和 2#锁紧螺母的螺纹截面对比如图 7-31 所示。通过对比不难发现，1#锁紧螺母的螺纹底部过渡尖锐，为车制螺纹；2#锁紧螺母的螺纹底部圆滑过渡，为滚制螺纹。图 7-32 所示为 1#和 2#锁紧螺母螺纹截面的显微组织对比。两者的显微组织均为回火索氏体，表面由于镀锌层阴极保护作用，硝酸乙醇溶液难以侵蚀而颜色较浅，未见明显氧化脱碳现象。

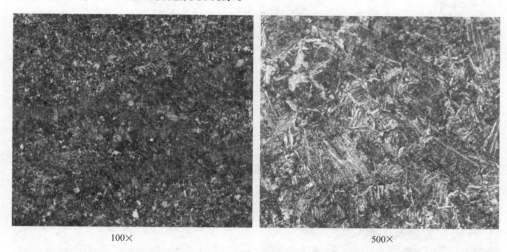

100×　　　　　　　　　　　　　　　　500×

图 7-29　1#锁紧螺母的基体显微组织

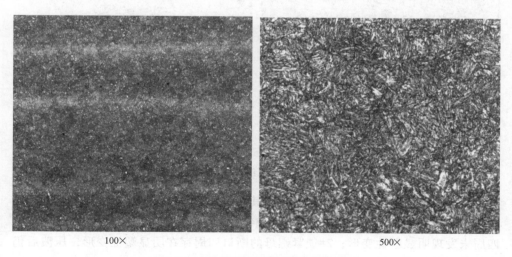

100×　　　　　　　　　　　　　　　　500×

图 7-30　2#锁紧螺母的基体显微组织

　　（7）压溃试验　锁紧螺母尺寸不够切取拉伸及冲击试样，因此根据锁紧螺母形态特点设计压溃试验，对两组锁紧螺母的韧性指标进行比对。图 7-33 所示为压溃试样的宏观形貌。压溃试样为拱形，在压力机上对试样上表面逐步缓慢施

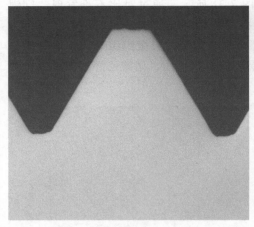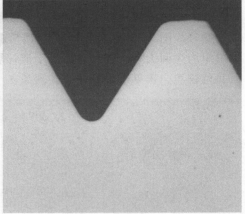

a) 1#锁紧螺母   b) 2#锁紧螺母

图 7-31 1#和 2#锁紧螺母的螺纹截面对比 25×

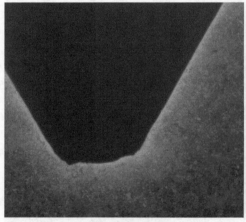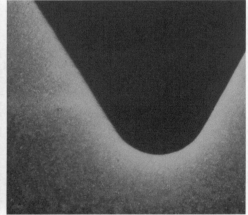

a) 1#锁紧螺母   b) 2#锁紧螺母

图 7-32 1#和 2#锁紧螺母螺纹截面的显微组织对比 100×

加压应力载荷，直至其发生断裂，根据其断裂后形态来比较材料的韧性指标。

  压溃试验后断口的宏观形貌如图 7-34 所示。1#锁紧螺母经压溃后断口较平，四周未发现明显塑性变形；2#锁紧螺母的断口四周存在明显塑性变形，压溃后仍有部分区域相连，需要人工将其敲断。

  压溃试验后断口的微观形貌如图 7-35 所示。1#锁紧螺母压溃试样断口的绝大部分区域为解理断裂，2#锁紧螺母压溃试样断口的大部分区域表现为韧窝断裂。

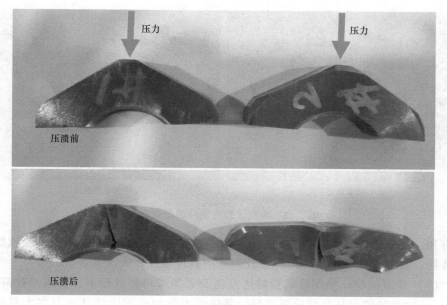

图 7-33　压溃试样的宏观形貌

1#锁紧螺母

2#锁紧螺母

图 7-34　压溃试验后断口的宏观形貌

3. 结果分析

（1）锁紧螺母受力特点　锁紧螺母在拧紧时，螺栓牙顶紧紧进入锁紧螺母的 30°楔形斜面被卡紧，并且施加于楔形斜面上的法向作用力与螺栓的轴线成 60°夹角，而不是 30°夹角。因此，防松锁紧螺母紧固时产生的法向作用力远大于普通标准锁紧螺母，具有极大的防松抗振能力，同时螺纹处承受较大的拉应力。

（2）锁紧螺母断裂情况　开裂锁紧螺母为脆性断裂，断面存在白色螺纹密封胶覆盖物，未见锌镀层残留，可以排除热处理裂纹的可能性。结合现场情况分

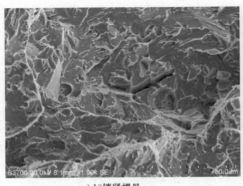
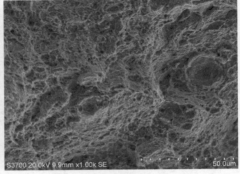

a) 1#锁紧螺母   b) 2#锁紧螺母

图 7-35   压溃试验后断口的微观形貌

析可知，锁紧螺母开裂后裂纹细小，拆卸过程中未能发现裂纹。当重新涂螺纹胶组装后，裂纹受到装配应力拉伸胀开，从而被现场操作人员发现。

（3）压溃试验   经压溃试验对比发现 1#锁紧螺母塑性较差，其原因有两点：

1）1#锁紧螺母枝晶状偏析明显，基体组织除回火索氏体外还存在大量的贝氏体。

2）1#锁紧螺母电镀锌后除氢处理不充分，渗入的氢未能及时消除。

4. 结论

经综合分析，该开裂锁紧螺母属于氢脆延迟断裂失效。锁紧螺母服役时法向作用力远远大于普通标准螺母，在电镀锌后要注意及时进行除氢处理。此外与同类型其他批次锁紧螺母比较，开裂锁紧螺母基体组织枝晶状偏析明显，组织不均匀，这会进一步加剧锁紧螺母的氢脆敏感性。

第8章

<<<<<<<

因装配不当造成的失效案例

螺纹连接是机械设备上最常见和最重要的一种连接方式,其装配工艺是确保机械系统可靠性的最重要技术之一。工程中所使用的绝大多数螺纹紧固件在装配时都必须拧紧,使拧紧的组合件在承受服役应力之前预先受到一个力的作用,这个力称为预紧力。预紧的目的在于增强连接的可靠性、紧密性,以防止受载荷后被连接件间出现设计不允许存在的间隙或发生相对滑移,甚至引起微动疲劳损伤。研究表明,适当地增加预紧力对提高紧固件的可靠性和疲劳强度是有利的,但预紧力过大会导致紧固件在装配拧紧过程中因应力过大而拉长、螺纹脱扣甚至过载断裂。紧固件拉长即发生不可恢复的塑性变形,从而造成预紧力松弛。因此,在设计时既要有较高的预紧力,又要使预紧力在安全工作范围内,确保紧固件在拧紧过程和承受工作载荷过程中不会发生过载现象。

8.1 螺纹紧固件的预紧力选取

一般而言,螺纹紧固件装配拧紧后产生的预紧力不得超过其材料的下屈服强度 R_{eL} 的 80%,对于一般连接用的钢制紧固件的预紧力 F_0,推荐按下列关系确定:

碳素钢螺栓 $\qquad F_0 \leqslant (0.6 \sim 0.7) R_{eL} A_1$ (8-1)

合金钢螺栓 $\qquad F_0 \leqslant (0.5 \sim 0.6) R_{eL} A_1$ (8-2)

式中,A_1 为紧固件危险截面的面积。

工程中,通常借助指示式扭力扳手来控制拧紧力矩,然而对螺纹连接而言最重要的指标不是紧固扭矩,而是轴向预紧力。因此,研究螺栓紧固扭矩 T 与轴向预紧力 F 之间的关系是十分重要的。三角形螺纹螺栓拧紧时紧固扭矩 T 与螺栓轴向预紧力 F 之间的关系为

$$F = \frac{2T}{\dfrac{\mu_s}{\cos\alpha}d_2 + \dfrac{P}{\pi} + d_\omega\mu_\omega} \tag{8-3}$$

式中，d_2 为螺纹中径；d_ω 为支撑面等效摩擦直径；P 为螺距；α 为牙型半角或牙侧角；μ_s 为螺纹摩擦因数；μ_ω 为支撑面摩擦因数；F 为螺栓轴向预紧力；T 为紧固扭矩。

从式（8-3）可以清楚看出，螺栓的轴向预紧力由紧固扭矩（T）、螺栓或螺母的规格参数（d_2、d_ω、P、α）和螺纹或支撑面的摩擦因数（μ_s 和 μ_ω）确定。用相同的扭矩（如 10N·m）拧紧符合 GB/T 3098.1—2010 8.8 级的 M10 螺栓，当螺纹摩擦因数为 0.2 时，得到的螺栓轴向预紧力约为 14.9kN；然而当螺纹摩擦因数为 0.1 时，得到的螺栓轴向预紧力达到 27.4kN。由此可见，螺栓的轴向预紧力受摩擦因数的影响极大。实际生产中常常会发生螺栓或螺母沾上油或润滑剂的情况，此时摩擦因数变小，在紧固扭矩不变的情况下轴向预紧力增加，从而会导致螺栓在装配过程中发生过载断裂。

8.2 装配预紧力与防松

紧固件装配预紧力不足，安装件未被紧密固定，会增加使用中的不稳定性，尤其在交变载荷作用下，螺栓不仅受到拉伸和冲击载荷，还会承受一个弯曲载荷，在此状态下反复连续作用，螺栓会发生疲劳断裂。其断裂位置一般位于与螺母配合部分的第一扣螺纹根部，断口形貌常常表现为多源低应力高周疲劳断裂特征，在断口附近的螺纹根部常常会存在细小的疲劳裂纹。例如：轮边减速器电动机的连接螺栓共有 12 根，强度级别为 10.9 级，经服役使用不到半年后螺栓全部发生断裂。如图 8-1a 所示，螺栓断裂位置均位于与螺纹孔配合的第一扣螺纹根部。如图 8-1b 所示，螺栓断面平坦，四周未见明显的塑性变形痕迹，可见明显的疲劳弧线。裂纹源位于螺纹底部，附近存在较多轮辐状台阶，该台阶为不同裂纹交汇形成的台阶，具有多源疲劳特征。断面最终瞬断区面积均较小，不足整个断面的 5%，整个断面具有高周低应力疲劳特征，螺栓断裂时受到的名义应力较小。经解剖检查，螺栓材质、硬度及螺纹过渡处质量均符合设计要求。从螺纹胶涂抹情况、垫片磨损形貌和断裂螺栓遗留在螺纹安装孔内的位置等综合分析可知，安装后的螺栓未能拧紧，且螺纹胶涂抹量不够，导致螺栓在振动载荷作用下发生松动，且导致螺栓承受弯曲应力。在交变应力连续作用下，在螺纹底部应力集中处萌生裂纹，并逐渐扩展导致断裂。

安装时螺栓拧紧不均匀而引起受力不均匀，当增加设备运行时的服役应力后，拧紧力过大的螺栓易引起过载断裂。对于重要的螺纹紧固件，应尽可能不采

a) 螺栓断裂部位形貌   b) 螺栓断口的宏观形貌

图 8-1 轮边减速器电动机连接螺栓的断裂情况

用直径过小的螺栓（例如小于 M12），以防止预紧力过大而导致紧固件过载断裂。

8.3 案例分析

8.3.1 机车电动机吊杆螺栓断裂分析

1. 案例简介

某机车电动机吊杆螺栓材料为 40Cr，强度级别为 8.8 级。螺栓主要制备工艺为原材料→下料→热镦→正火→机加工→调质→磨加工→滚压螺纹→发黑。运行过程中吊杆螺栓发生断裂，螺栓要求紧固力矩为 1300N·m。

2. 理化检验

（1）宏观形貌分析 共有两根螺栓一起连接电动机和吊杆。图 8-2 中 1#螺

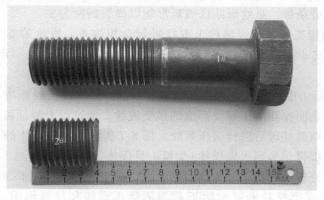

图 8-2 螺栓的宏观形貌

栓为右侧螺栓，该螺栓未发生断裂，但在啮合处螺纹磨损严重，螺栓存在弯曲变形现象；2#螺栓为左侧螺栓，在啮合处螺纹根部发生疲劳断裂。

图 8-3 所示为 2#螺栓断口的宏观形貌。断口较平坦，表面除有少量氧化锈蚀外无其他明显腐蚀产物和低倍缺陷，断口四周无明显的宏观塑性变形。断口经清洗后显示金属本色，可见明显的疲劳弧线。根据断口形貌特征可以初步推测裂纹源位于螺纹底部，附近存在较多轮辐状台阶，该台阶为不同裂纹交汇形成的台阶，具有多源疲劳特征。断口最终瞬断区位于下方区域，该区域面积较小，不足整个断面的 10%，整个断面具有高周低应力疲劳特征。

a) 清洗前

b) 清洗后

图 8-3　2#螺栓断口的宏观形貌

（2）微观形貌检查　将 2#螺栓断口清洗后通过扫描电子显微镜观察其微观形貌。如图 8-4 所示，疲劳源附近未见明显氧化、夹渣等材料缺陷，疲劳扩展区可见明显的疲劳条带，最终瞬断区微观形貌以撕裂韧窝为主。

（3）金相检查　在断裂螺栓上取样进行金相检查。螺栓的非金属夹杂物如图 8-5 所示。其非金属夹杂物级别为：A1.0、A0.5e、D1.0D、TiN0.5，原材料洁净度较好。

图 8-6 所示为螺栓螺纹底部的显微组织。螺纹底部过渡较圆滑，未见氧化折叠现象，螺纹表面存在滚压螺纹形成的形变流线。通过以上特征可以判断，该螺栓加工工艺为调质处理后进行滚压螺纹。图 8-7 所示为螺栓基体的显微组织。其组织中存在偏析带，为回火索氏体+少量上贝氏体。

为进一步分析螺栓早期疲劳断裂的原因，采用线切割沿图 8-3b 虚线处取样，制成金相试样观察螺栓断裂源附近截面的微观形貌和显微组织。如图 8-8 和

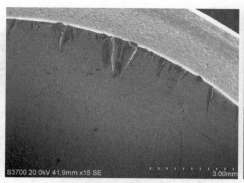
a) 疲劳源附近微观形貌

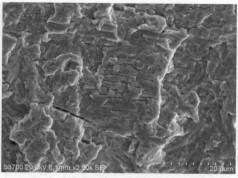
b) 疲劳扩展区微观形貌

c) 最终瞬断区微观形貌

图 8-4　螺栓断口各区域的微观形貌

100×

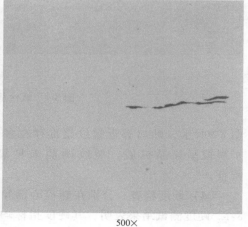
500×

图 8-5　螺栓的非金属夹杂物

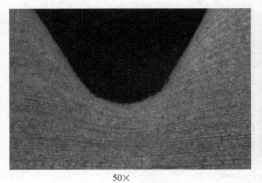 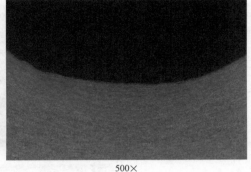

50×   500×

图 8-6　螺栓螺纹底部的显微组织

100×   500×

图 8-7　螺栓基体的显微组织

图 8-9所示，断口邻近螺纹根部存在多条细小裂纹，裂纹起始段呈沿晶扩展，扩展段呈穿晶扩展，裂纹两侧未见氧化脱碳现象，该细小裂纹具有疲劳特征。

（4）硬度检查　分别在螺栓心部和螺纹处进行硬度测试，其测试结果见表8-1。硬度测试结果表明，其硬度指标均符合 GB/T 3098.1—2010 中关于 8.8 级螺栓的硬度要求，其中第 3 测试点维氏硬度大于第 1 测试点，这是由于螺栓滚压螺纹工艺导致的加工硬化。

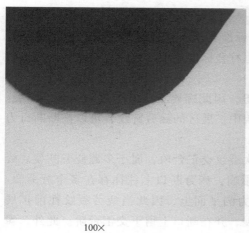

100×　　　　　　　　　　　　　　　　　　　　　500×

图 8-8　螺栓断口邻近螺纹根部的微观形貌

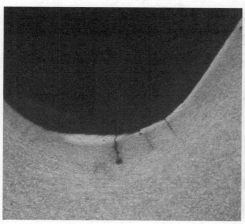
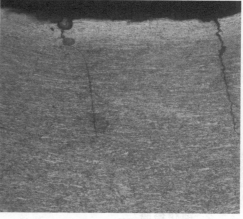

100×　　　　　　　　　　　　　　　　　　　　　500×

图 8-9　螺栓断口邻近螺纹根部的显微组织

表 8-1　螺栓各区域硬度测试结果

类别	螺栓心部硬度		螺纹处硬度（测试位置见图 5-23）HV0.3		
	HRC	HBW10/3000	第 1 测试点	第 2 测试点	第 3 测试点
1#试样	31.0、31.0、31.5	285	300、301、302	298、308、305	317、316、317
2#试样	30.5、30.5、31.0	—	298、296、301	307、306、307	316、318、318
GB/T 3098.1—2010 中关于 d>16mm 的 8.8 级螺栓相关要求	23~34	250~331	未脱碳：第 2 测试点的维氏硬度值应等于或大于第 1 测试点维氏硬度值减去 30HV0.3 未增碳：第 3 测试点的维氏硬度值应等于或小于第 1 测试点维氏硬度值加上 30HV0.3		

3. 分析与讨论

断裂螺栓的化学成分符合 40Cr 钢的标准要求，显微组织为回火索氏体，螺纹根部未见脱碳和折叠现象，其硬度值也符合标准要求，表明材料和热处理工艺正常。

断口附近无明显塑性变形，断面平坦，因此螺栓不是由于过载引起的断裂。根据断口宏观形貌中的贝纹线和微观形貌中扩展区的疲劳辉纹，可以推断断口为疲劳断裂。

从疲劳断口可见，疲劳源处存在多次裂纹交汇台阶，属于多源疲劳断裂。疲劳源数目一般受应力水平和应力集中的影响，疲劳断口上往往存在多个疲劳源。这些疲劳源并不处在同一个垂直于主应力的平面上，因此当疲劳裂纹往前扩展时，它们会交汇成单一裂纹继续向前扩展，并在断口上留下交汇台阶。此外，瞬断区只占很小一部分，而疲劳扩展区面积很大，这说明整个螺栓所受应力较小。

4. 结论

螺栓的断裂性质为高周低应力疲劳，造成其早期失效的原因可能与螺栓装配工艺不当有关，可采取如下措施进行改进：

1）加强安装环节的管理，确保螺栓达到设计的预紧力，并采取适当的防松措施。

2）安装螺栓时，保证吊杆安装孔与电动机安装孔的同心度在要求范围内。

8.3.2 轮盘螺栓杆部断裂分析

1. 案例简介

轮盘螺栓的材料为 35CrMo，强度级别为 10.9 级。装配时在轮盘螺栓光杆处发生断裂。

2. 理化检验

（1）宏观形貌分析 图 8-10 所示为断裂螺栓的宏观形貌。螺栓从最小直径光杆处发生断裂，并发生弯曲变形。断口与最大扭转应力方向呈 45°，属于切断。螺栓断口的宏观形貌如图 8-11 所示。断口四周较平滑，中心部分断口呈纤

图 8-10　断裂螺栓的宏观形貌

维状，断口具有扭转断裂特征。

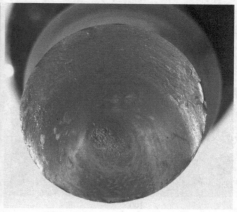

图 8-11　螺栓断口的宏观形貌

（2）微观形貌分析　通过扫描电子显微镜观察，螺栓断口平滑区的微观形貌如图 8-12 所示。该区域的微观形貌主要为塑性韧窝，具有明显的方向性。螺栓断口心部粗糙区的微观形貌如图 8-13 所示。该区域微观形貌以撕裂韧窝为主，未见明显夹渣、疏松缺陷。

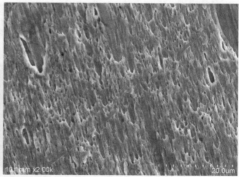

图 8-12　螺栓断口平滑区的微观形貌

（3）化学成分检查　用光谱法对断裂螺栓进行化学成分分析，各元素成分含量均符合 35CrMo 钢的标准要求。

（4）硬度检查　对断裂螺栓的表面和心部分别进行维氏硬度测试，表面硬度为 348~356HV0.3，心部硬度为 346~350HV0.3，均符合 10.9 级螺栓的技术要求。

3. 结论

失效螺栓断口韧窝具有明显的方向性，属于典型的扭转断裂特征。这表明该

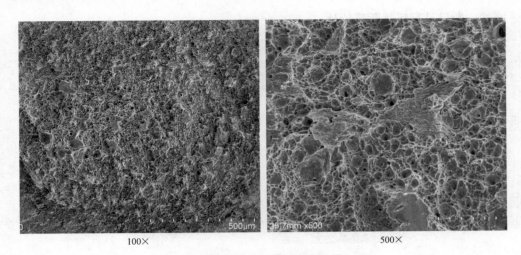

100×   500×

图 8-13　螺栓断口心部粗糙区的微观形貌

螺栓是在装配时，由于装配扭转力过大而发生断裂的。建议制定合适的安装工艺，安装时采用指示式扭力扳手安装，防止安装扭力过大而造成扭转断裂。

参 考 文 献

[1] 杨振国. 论失效分析的本质及其内在关系 [J]. 理化检验（物理分册），2013，49（S2）：1-3.

[2] 段莉萍，刘卫军，钟培道，等. 机械装备缺陷、失效及事故的分析与预防 [M]. 北京：机械工业出版社，2015.

[3] 李鹤林. 失效分析的任务、方法及其展望 [J]. 理化检验（物理分册），2005，41（1）：1-6.

[4] 张铮，陈再良，李鹤林. 我国失效分析的现状与差距 [J]. 金属热处理，2007，32（S1）：49-52.

[5] 航天精工有限公司. 紧固件概论 [M]. 北京：国防工业出版社，2014.

[6] 陶春虎. 紧固件的失效分析及其预防 [M]. 北京：航空工业出版社，2013.

[7] 廖景娱. 金属构件失效分析 [M]. 北京：化学工业出版社，2003.

[8] 孙智，任耀剑，隋艳伟. 失效分析——基础与应用 [M]. 北京：机械工业出版社，2017.

[9] 酒井智次. 螺纹紧固件连接工程 [M]. 柴之龙，译. 北京：机械工业出版社，2016.

[10] 中国机械工程学会材料分会. 轴及紧固件的失效分析 [M]. 北京：机械工业出版社，1988.

[11] 赵少汴. 抗疲劳设计 [M]. 北京：机械工业出版社，1994.

[12] 王广生，等. 金属热处理缺陷分析及案例 [M]. 2版. 北京：机械工业出版社，2016.

[13] 中国机械工程学会材料分会. 疲劳失效分析 [M]. 北京：机械工业出版社，1987.

[14] 胡世炎. 机械失效分析手册 [M]. 成都：四川科学技术出版社，1989.

[15] 国家标准件产品质量监督检验中心. 紧固件检验手册 [M]. 北京：中国计量出版社，2010.

[16] 叶君. 实用紧固件手册 [M]. 北京：机械工业出版社，2010.

[17] 胡世炎. 破断故障金相检查 [M]. 北京：航空工业出版社，1979.

[18] 刘昌奎，李运菊，陶春虎，等. 紧固螺栓开裂原因分析 [J]. 机械工程材料，2008，32（4）：70-73.

[19] 惠卫军，翁宇庆，董瀚. 高强度紧固件用钢 [M]. 北京：冶金工业出版社，2009.

[20] 姜招喜，许宗凡，张挺，等. 紧固件制备与典型失效案例 [M]. 北京：国防工业出版社，2015.

[21] 侯兆新. 高强度螺栓连接设计与施工 [M]. 北京：中国建筑工业出版社，2012.

[22] 许万剑，杨春丽，赵宏柱，等. 304不锈钢焊管应力腐蚀开裂原因 [J]. 腐蚀与防护，2014，35（5）：511-513.

[23] 姜爱华，陈亮，师红旗，等. 螺栓疲劳断裂失效分析 [J]. 热加工工艺，2013，42（2）：222-223.

[24] 丁毅，陆晓峰，顾伯勤，等. 螺栓在H_2S介质中的断裂失效原因分析 [J]. 压力容器，

2001，18（4）：56-58.

[25] 周志勇，丁毅，等. 往复式压缩机连杆螺栓断裂原因分析［J］. 金属热处理，2011，36（9）：126-128.

[26] 陈凯敏，潘安霞，胡小山，等. 制动夹钳固定螺栓断裂分析［J］. 机车车辆工艺，2015，8：36-37.

[27] 王伯琴，陈录如，陈先峰. 高强度螺栓连接［M］. 北京：冶金工业出版社，1991.

[28] 吴连生. 失效分析技术［M］. 成都：四川科学技术出版社，1985.

[29] 陈南平. 脆断失效分析［M］. 北京：机械工业出版社，1993.

[30] 上海交通大学. 金属的断口分析［M］. 北京：国防工业出版社，1976.

[31] 钟群鹏. 失效分析基础知识［M］. 北京：机械工业出版社，1990.

[32] 王弘，高庆. 40Cr钢超高周疲劳性能及疲劳断口分析［J］. 中国铁道科学，2003，24（6）：93-98.

[33] 丁惠麟，金荣芳. 机械零件缺陷、失效分析与实例［M］. 北京：化学工业出版社，2013.

[34] 李文成. 实用机械装备失效分析［M］. 北京：冶金工业出版社，2008.

[35] 张斌，卢观健，付秀琴，等. 铁路车轮、轮箍失效分析及伤损图谱［M］. 北京：中国铁道出版社，2002.